·高等学校计算机基础教育教材精选·

大学计算机应用基础实验教程(第3版)

詹国华 主编

詹国华 潘红 宋哨兵 汪明霓
王培科 晏明 虞歌 张佳 　编著

U0288315

清华大学出版社
北京

内 容 简 介

本教程为国家精品课程"大学计算机应用基础"的配套实验教材,突破了传统的实验教程编写模式,不仅能辅助主教程实现课程知识的验证,而且依据课程知识主线,以实际应用为目标,精心设计了一组内容新颖、涉及面广、应用性强的操作任务。实验教程以具体操作任务为驱动,将基础知识与实践技能融入实际的操作过程之中,既激发了学生的学习兴趣,又培养了学生的实践操作能力,从而达到了理论知识和实际应用融会贯通的目的。本实验教程可作为大学本科和高职高专学生学习"大学计算机应用基础"课程的配套实验教程或计算机爱好者的自学读本。

本书和配套的主教材《大学计算机应用基础教程》是"大学计算机应用基础立体教程"的主要组成部分,其他组成部分还有多媒体教学课件、课程实验资源、上机练习和考试评价系统、教学素材等,以及提供远程学习、备课、讨论、练习、考试评价和资源下载等教学支持手段的教学专用网站。

图书在版编目(CIP)数据

大学计算机应用基础实验教程/詹国华主编 . --3 版 . --北京: 清华大学出版社,2012.10(2019.7重印)

高等学校计算机基础教育教材精选

ISBN 978-7-302-30086-1

Ⅰ. ①大… Ⅱ. ①詹… Ⅲ. ①电子计算机-高等学校-教材 Ⅳ. ①TP3

中国版本图书馆 CIP 数据核字(2012)第 209685 号

责任编辑:袁勤勇 李玮琪
封面设计:傅瑞学
责任校对:胡伟民
责任印制:刘海龙

出版发行:清华大学出版社
网 址:http://www.tup.com.cn, http://www.wqbook.com
地 址:北京清华大学学研大厦 A 座 邮 编:100084
社 总 机:010-62770175 邮 购:010-62786544
投稿与读者服务:010-62776969,c-service@tup.tsinghua.edu.cn
质 量 反 馈:010-62772015,zhiliang@tup.tsinghua.edu.cn
印 装 者:北京鑫海金澳胶印有限公司
经 销:全国新华书店
开 本:185mm×260mm 印 张:16.5 字 数:412 千字
版 次:2004 年 10 月第 1 版 2012 年 9 月第 3 版 印 次:2019 年 7 月第 15 次印刷
定 价:29.00 元

产品编号:048922-01

出版说明

在教育部关于高等学校计算机基础教育三层次方案的指导下,我国高等学校的计算机基础教育事业蓬勃发展。经过多年的教学改革与实践,全国很多学校在计算机基础教育这一领域中积累了大量宝贵的经验,取得了许多可喜的成果。

随着科教兴国战略的实施及社会信息化进程的加快,目前我国的高等教育事业正面临着新的发展机遇,但同时也必须面对新的挑战。这些都对高等学校的计算机基础教育提出了更高的要求。为了适应教学改革的需要,进一步推动我国高等学校计算机基础教育事业的发展,我们在全国各高等学校精心挖掘和遴选了一批经过教学实践检验的优秀的教学成果,编辑出版了这套教材。教材的选题范围涵盖了计算机基础教育的三个层次,包括面向各高校开设的计算机必修课、选修课,以及与各类专业相结合的计算机课程。

为了保证出版质量,同时更好地适应教学需求,本套教材将采取开放的体系和滚动出版的方式(即成熟一本、出版一本,并保持不断更新)。坚持宁缺毋滥的原则,力求反映我国高等学校计算机基础教育的最新成果,使本套丛书无论在技术质量上还是出版质量上均成为真正的"精选"。

清华大学出版社一直致力于计算机教育用书的出版工作,在计算机基础教育领域出版了许多优秀的教材。本套教材的出版将进一步丰富和扩大我社在这一领域的选题范围、层次和深度,以适应高校计算机基础教育课程层次化、多样化的趋势,从而更好地满足各学校由于师资和生源水平、专业领域等的差异而产生的不同需求。我们热切期望全国广大教师能够积极参与到本套丛书的编写工作中来,把自己的教学成果与全国的同行们分享;同时也欢迎广大读者对本套教材提出宝贵意见,以便我们改进工作,为读者提供更好的服务。

我们的电子邮件地址是 xiech@tup.tsinghua.edu.cn。联系人:谢琛。

清华大学出版社

前言

"大学计算机应用基础立体教程"是国家精品课程"大学计算机应用基础"的重要组成部分,也是清华大学出版社和杭州师范大学计算机教育与应用研究所在精品教材建设方面合作研究的最新成果。该项研究成果立足于计算机技术和网络技术的最新发展,根据社会发展对应用型人才的高素质需求,为高等教育各层次学生计算机应用基础能力培养提供了一个完整可行的解决方案。从纸质教材,到计算机辅助教学软件,再到教学专用网站,立体教程为广大师生提供了内容丰富、学以致用的教学资源,对学生实践操作技能训练和自主学习能力培养,对教师灵活、高效地组织教学活动将带来极大的方便。

"大学计算机应用基础立体教程"包含了特色鲜明的纸质教材、内容丰富的计算机辅助教学资源和功能完善的教学专用网站三部分。其中,纸质教材由《大学计算机应用基础教程》和《大学计算机应用基础实验教程》两部教材组成,计算机辅助教学资源包含多媒体教学课件、课程实验资源、上机练习和考试评价系统、教学素材等,以及提供远程学习、备课、讨论、练习、考试评价和资源下载等教学支持手段的教学专用网站。

"大学计算机应用基础实验教程"作为"大学计算机应用基础立体教程"的主要组成部分,以崭新的思路进行设计和编写。全书突破了传统的实验教程编写模式,不仅能辅助主教程实现课程知识的验证,而且依据课程知识主线,以实际应用为目标,精心设计了一组内容新颖、涉及面广、应用性强的操作任务与实用技巧。实验教程以具体操作任务与实用技巧为驱动,将基础知识与实践技能融入实际的操作过程之中,既激发了学生的学习兴趣,又培养了学生的实践操作能力,从而达到了理论知识和实际应用融会贯通的目的。

本书共9章,38个实验,106个任务。每章实验按知识体系顺序编排,而每个实验的若干任务则根据本实验涉及的系统知识或应用知识而精心设计与编排。其中,第1章计算机基础实验共安排了3个实验和6个任务;第2章Windows操作实验共安排了5个实验和19个任务;第3章文字处理操作实验共安排了4个实验和8个任务;第4章电子表格操作实验共安排了5个实验和15个任务;第5章多媒体技术基础实验共安排了4个实验和11个任务;第6章演示文稿制作实验共安排了3个实验和11个任务;第7章互联网应用操作实验共安排了5个实验和13个任务;第8章网页制作实验共安排了5个实验和12个任务;第9章Access数据库操作实验共安排了4个实验和11个任务。

本书的软件环境是Windows 7和Office 2010等。

本教程编著人员有潘红、宋哨兵、汪明霓、王培科、晏明、虞歌、詹国华、张佳（以拼音为序），由詹国华任主编，潘红、虞歌、宋哨兵任副主编。另外，张量、项洁、陈翔、胡斌、姚争为等老师对本书的撰写提供了大力的支持，在此表示衷心的感谢。本书配套的教学资源和专用网站由杭州师范大学计算机教育与应用研究所研制完成。由于书稿撰写时间较短，作者水平有限，书中若有错漏存在，敬请读者批评指正。

我们的电子邮件地址：ghzhan@hznu.edu.cn，网站地址：http://jsj.hznu.edu.cn/jpkc/1_kechengXinxi/index_kcxx_n.asp。

编著者

2012 年 7 月

目录

第 **1** 章 计算机基础实验

知 识 要 览

在学习和使用计算机时,从一开始就必须建立正确的计算机系统的观点。计算机的组成不仅与硬件有关,而且还涉及许多软件技术。计算机系统的硬件只提供了执行指令的物质基础,计算机系统的软件最终决定了计算机能做什么,能提供什么服务。因此,了解计算机的软硬件系统,对于掌握计算机的基本工作原理,有效地利用计算机资源会有很大的帮助。

目前人们在学习计算机基础知识过程中,经常遇到下列一些问题,如计算机的主要部件 CPU、显卡、硬盘等的性能指标、外部形状,选购部件的参考知识及主要部件的安装方法;一些常用软件如何下载与怎样正确安装、比较大的文档如何压缩与怎样解压缩等。本章将帮助学生学习如何组建计算机的硬件系统,在有了硬件的基础上如何安装常用软件,使计算机系统能真正地工作起来。

通过学习,读者应该掌握如下知识点:

- 计算机硬件系统的虚拟组装。掌握计算机主要部件的性能指标、外部形状及选购部件的参考知识。通过对计算机部件安装视频的学习及自己虚拟装机,学会组装计算机各主要部件的基本方法与技能。
- 软件的下载与安装。掌握利用互联网查找并下载常用软件的方法,下载后能在计算机指定位置安装此软件,并能在该计算机系统中正常使用下载软件的功能。
- 文件的压缩与解压。掌握压缩与解压缩文件的基本方法和技巧,能够对指定文件(夹)进行压缩,会设置压缩路径和解压密码。能在解压缩时设置解压缩路径,能进行部分文件解压缩操作,熟练应用常用压缩软件。

本章共安排了 3 个实验(包括 6 个任务),目的是帮助读者进一步熟练掌握学过的知识,强化实际动手能力。

实验 1.1　计算机的虚拟组装

通过实验来掌握计算机硬件的性能指标及选购知识。通过"计算机组成与组装虚拟实验"软件的视频演示学习,边看边学习如何组装计算机各主要部件,为后面的软件安装实验奠定硬件基础。

任务 1.1.1　计算机主要部件的性能指标与选购

任务描述

计算机的组成一般可以分两个方面：

（1）外观上，计算机由主机箱、键盘和显示器组成。主机箱由主板、CPU、内存、显卡、声卡、硬盘、光驱等部件组成。

（2）逻辑组成，即控制器、运算器、存储器、输入设备、输出设备。

本实验任务是学习计算机主要部件的性能指标、具体部件的外部形状及选购部件的参考知识，是通过"计算机组成与组装虚拟实验"软件来学习的，该软件的主要功能模块，如图 1.1 所示。

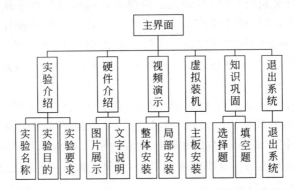

图 1.1　"计算机组成与组装虚拟实验"软件主要模块

操作步骤

步骤 1　打开"计算机组成与组装虚拟实验"软件，单击"实验介绍"菜单项，仔细学习本实验的目的与实验要求。

步骤 2　单击"硬件介绍"菜单项，进入"硬件介绍"界面，如图 1.2 所示。

逐一单击界面左边计算机各个部件的图像，便可以学习相关的知识。例如，单击CPU 的图像后，可以学习 CPU 主要的性能指标：

（1）主频。一般说来，主频越高，CPU 的运行速度越快。由于内部结构不同，并非所有的时钟频率相同的 CPU 的性能都一样。

（2）内存总线速度。

（3）扩展总线速度。

（4）工作电压。

（5）地址总线宽度。

（6）数据总线宽度。

（7）L1 高速缓存即一级高速缓存。

（8）采用回写（Write Back）结构的高速缓存。

CPU 选购参考：

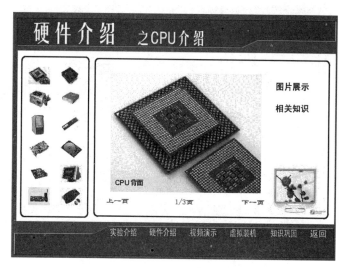

图 1.2 "硬件介绍"界面

（1）AMD 的游戏性能好，Intel 的多媒体性能好。

（2）价格方面，AMD 的处理器普遍比相同性能的 Intel 价格便宜 1/3 左右。

（3）AMD 的处理器超频性能强劲，而 Intel 因为功耗的原因，一般无法超频。

任务 1.1.2　计算机组装视频演示与虚拟组装

任务描述

学生在学习"计算机组成与组装"章节时，一般很少有机会接触计算机的硬件。仅仅学习了相关的理论知识，这样就较难达到教学目标。通过本实验任务的完成，可以让学生通过视频亲眼目睹计算机主要部件安装的整个过程，并通过拖动鼠标虚拟实现组装计算机的各个主要部件。

操作步骤

步骤 1　打开"计算机组成与组装虚拟实验"软件，单击"视频演示"菜单项，可以逐一单击界面左边计算机各个部件安装的名称，便可以学习相关的知识。

例如：单击"硬盘"选项后，便可以在屏幕上观看教师如何安装硬盘的视频图像，如图 1.3 所示。学生只要单击"整体过程"选项后，本模块的各个片段视频也可以整体观看。

步骤 2　在"计算机组成与组装虚拟实验"软件中，单击"虚拟装机"菜单项，打开"虚拟装机"主界面 1，如图 1.4 所示。此时可以单击界面左边计算机各个部件图像，按住鼠标左键拖动便可以把相应部件拖到"虚拟装机"主界面右边窗口，并需要拖动到计算机部件安装的正确位置处，才能把部件固定。如果放开鼠标时，该位置不是安装本部件的地方，则部件自动返回到"虚拟装机"界面的左窗口上。学生可以再次用鼠标把部件图像拖动到右面窗口，直至全部安装正确，才可以进入"虚拟装机"界面 2，进行第 2 部分的虚拟安装，如图 1.5 所示。

图 1.3 安装"硬盘"视频

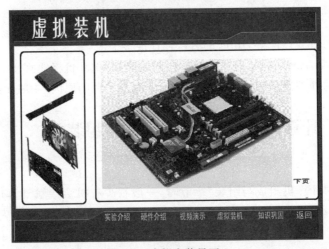

图 1.4 虚拟安装界面 1

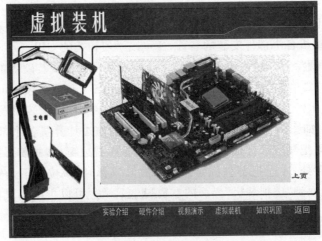

图 1.5 虚拟安装界面 2

大学计算机应用基础实验教程(第 3 版)

步骤 3 在"虚拟装机"界面中,按照步骤 2 的方法把"硬盘"、"光驱"、"网卡"等拖动到正确的位置处,完成"虚拟装机",如图 1.6 所示。

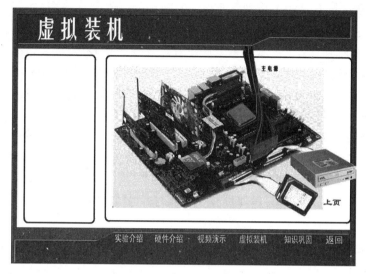

图 1.6 完成"虚拟装机"

步骤 4 在"计算机组成与组装虚拟实验"软件中,单击"知识巩固"菜单项,打开"知识巩固"窗口,完成给出的"选择题"、"填空题",复习巩固相关的知识。

实验 1.2 软件的下载和安装

通过实验应学会利用互联网查找并下载常用的软件的方法,下载后并在计算机上安装此软件,以便能在该计算机系统中正常使用下载软件的功能。

任务 1.2.1 搜索要下载的软件

任务描述

查看不能正常打开的未知文件的扩展名,上网搜索与该扩展名文件相关联的软件,找到后将该软件下载到本地硬盘上。例如:查找并下载能打开"*.pdf"这种类型文件的 Adobe Reader 阅读器软件。

操作步骤

计算机系统包含有硬件系统和软件系统,二者缺一不可。当计算机拥有了性能卓越的硬件后,如何让硬件系统工作得更好,如何利用计算机进行各项工作,都需要计算机软件系统的支持。计算机的软件系统分为系统软件和应用软件,而系统软件主要由操作系统、数据库系统等软件构成,这些软件是整个计算机系统正常工作的基础,特别是操作系统,它就像一个大管家一样管理整个计算机系统、优化系统配置、协调各部件之间的工作等。而应用软件是面向各类应用的,种类繁多,主要根据实际应用情况而选择安装,当需要计算机进行某方面的应用时就需要安装相应的软件。

例如:在我们的计算机中经常有些以 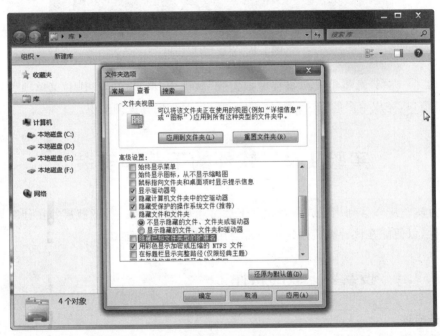 为图标的未知文件,这些文件的图标意味着在该计算机中没有合适的软件可以打开该文件,因此需要安装合适的软件,那怎么知道这些文件需要安装哪种软件呢? 此时就要先查看该文件的扩展名,然后根据扩展名利用浏览器上网搜索能打开此类文件的软件,再选取合适的下载地址进行下载。

步骤 1 查看以 为图标的未知文件的扩展名。打开资源管理器,选择"组织"→"文件夹和搜索选项"菜单项,单击"查看"选项卡,将"隐藏已知文件类型的扩展名"选项前的"√"去掉,如图 1.7 所示,再单击"确定"按钮,这样就可以查看文件的扩展名了。需要注意的是,如果发现"隐藏已知文件类型的扩展名"选项前的"√"已经去掉,但是文件的扩展名仍然不能正常查看,那么可以按照以上的步骤调出"文件夹选项"对话框,在该对话框上单击"应用"按钮再单击"确定"按钮即可。通过此步骤就可以查看到未知文件的扩展名为 pdf。

图 1.7 设置查看文件扩展名

步骤 2 打开搜索网站。打开 IE 浏览器,在 IE 浏览器的地址栏中输入搜索网站的网址,例如:谷歌("http://www.google.com.hk"),输入地址后按 Enter 键,就能打开谷歌的首页。

步骤 3 搜索安装文件。在搜索网页的关键字输入框中输入未知文件的扩展名和"下载"字样,例如:输入".pdf 下载",注意关键字之间最好用空格或者＋号间隔,一般来说,当输入关键字后,在输入框中会自动出现一些提示,你可以在提示中选择。输入完毕后,单击"Google 搜索"按钮或按 Enter 键,就会搜索出相关软件的下载列表。

步骤4 下载安装文件。在搜索出的下载列表中选择单击合适的链接，打开能下载的网页（见图1.8），根据网页上的提示单击提供下载的链接。如果在计算机中没有安装专门的下载软件的话，那么就会出现图1.9所示的对话框，选择"保存"→"另存为"菜单项，在出现的对话框中选择合适的保存位置后下载保存（见图1.10）。需要注意的是，在选择下载链接的时候要注意尽量选择从产品厂商的网站或一些知名网站进行下载，因为在一些个人或不知名的网站上下载的文件可能会带有木马等病毒，而且下载后得到的文件在安装前最好使用杀毒软件进行查杀，确保文件安全后再安装。

图1.8 下载搜索得到的安装软件

图1.9 下载安装软件

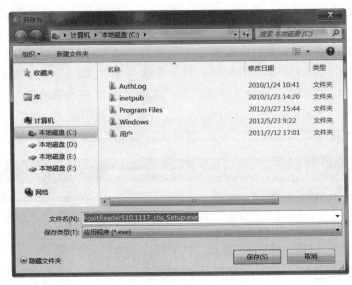

图 1.10　保存要下载的安装软件

如图 1.11 所示,下载完毕,单击"打开文件夹"菜单项,进入下一任务。

图 1.11　下载完毕

任务 1.2.2　安装并使用已下载的软件

任务描述

通过任务 1.2.1 下载得到所需的安装软件后,将软件安装到计算机中。本任务以安装 Foxit PDF 阅读器为例。

操作步骤

任何软件要在计算机中能够正常使用,就必须进行安装,而且一般来说要安装的软件只要不是绿色软件(不需安装就能使用,但可能会丧失软件的部分功能,而且此类软件只供研究),一般都会带有安装程序,为用户的安装使用带来方便。

步骤1 运行安装文件。如果下载后文件的名称是以 exe 结尾的,那么就是可执行文件,只要直接双击运行文件,进入到软件的安装步骤;但是如果下载后得到的文件的名称是以 rar 结尾或是以 zip 结尾的,那么就要对下载的文件先进行解压缩,然后在解压缩后的文件中找到安装文件进行安装,安装文件的名称一般都是以 exe 结尾的,带有 install 或 setup 字样。关于文件的解压缩将在下一个实验中提及。

步骤2 安装文件。双击安装文件后,如图 1.12 所示,会显示"打开文件-安全警告"对话框。

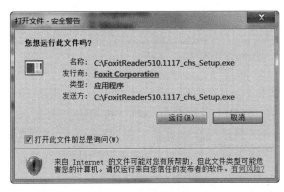

图 1.12 运行安装文件

单击"运行"按钮,安装文件会自动地进行提炼系统信息和释放需要安装的文件,等待一段时间后,就会出现安装向导的第 1 步,在该步骤中会提示所安装的软件及公司信息,如图 1.13 所示。

图 1.13 安装向导

单击"下一步"按钮，如图1.14所示，会显示软件使用许可协议，选择"我接受协议"，表示同意条款内容，就可进行下一步操作，否则就不能正常安装该软件。

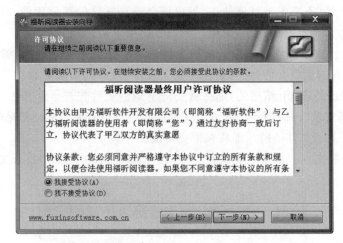

图 1.14　许可协议

再单击"下一步"按钮，会出现选择安装位置的提示，如图1.15所示，一般会给出默认的安装路径，如果需要变动，那么可以单击"浏览"按钮进行更改，选择完安装路径后单击"下一步"按钮，根据向导的提示一步步进行下去，最后单击"安装"按钮，安装文件就会自动安装，安装完成后在出现的对话框中单击"完成"按钮即可。

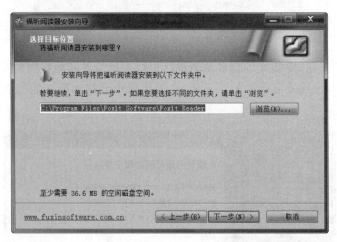

图 1.15　软件安装位置

安装成功后就会发现原先未知文件的图标已经发生了修改，变成了Foxit PDF阅读器的标志性图标，这就表明Foxit PDF阅读器软件可以打开这些以pdf为扩展名的文件。

步骤3　使用Foxit PDF阅读器。

(1) 启动Foxit PDF阅读器，选择"文件"→"打开"菜单项，选择需要阅读的pdf文件。也可以直接双击pdf文件就能用Foxit PDF阅读器打开，并可以阅读其中的内容。

大学计算机应用基础实验教程(第3版)

（2）"工具"菜单主要包含了阅读文件时一些常用功能。

① 手形工具。当选中这个工具时,在阅读文件过程中按住鼠标左键就会出现手握拳的状态,此时拖动鼠标就可以上下拖动文件,控制阅读的位置。

② 选择文本。当选中这个工具时,就可以选中文件中的某段文字,然后按快捷键Ctrl+C或者选择"编辑"→"复制"菜单项,复制选中的文字,再切换到目标文档进行粘贴,这样就可以取出pdf文档中需要的内容。

- 不是所有的pdf文档都可以选取文本。
- 可以选择以图片的方式取出选中的内容。

③ 快照。当选中这个工具时,就可以在pdf文档中任意拖动一个方形区域,当放掉鼠标左键时,就会像照相机拍照一样将选取的方形区域复制下来以图片的形式存放在剪贴板中,可以切换到目标文档进行粘贴,取出剪贴板中的内容。

实验 1.3 文件的压缩与解压缩

通过实验应学会压缩与解压缩文件的基本方法和技巧,能够对指定文件(夹)进行压缩,会设置压缩路径和解压密码;能在解压缩时设置解压缩路径,能进行部分解压缩操作,本实验采用的压缩软件是 WinRAR 3.x。

任务 1.3.1 文件压缩

任务描述

将某个文件夹(如"C:\temp")下的所有文件和文件夹压缩成一个文件,压缩文件存放于某个特定目录(如"C:\compress")中,压缩前设置解压密码。

操作步骤

步骤1 选中需压缩的文件和文件夹。

步骤2 激活压缩软件。

（1）右击选中的文件或文件夹,弹出菜单,选择"添加到压缩文件"菜单项,出现"压缩文件名和参数"对话框。

（2）在"压缩文件名"下拉框中输入文件存放路径或文件名,如图1.16所示。

步骤3 选择对话框的"高级"选项卡,单击该选项卡中的"设置密码"按钮,出现"带口令存档"对话框,在对话框的密码栏中输入密码,如图1.17所示。

步骤4 单击"确定"按钮。

需要说明的是:选中"常规"选项卡的"创建自解压格式压缩文件"复选框,则压缩文件具备自解压功能;设置"压缩分卷大小"下拉框可以将一个大压缩文件分成多个小文件存放。

图 1.16　文件压缩对话框

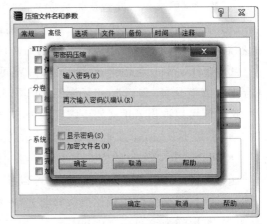

图 1.17　设置带密码压缩

任务 1.3.2　文件解压缩

任务描述

解压缩任务 1.3.1 生成的压缩文件,并将解压缩后的文件存放于某个文件夹(如"C:\decompress")。

操作步骤

步骤 1　激活解压缩软件。

(1) 右击压缩文件。

(2) 选择"解压文件",出现"解压路径和选项"对话框。

步骤 2　在"目标路径"下拉框中输入解压路径,如图 1.18 所示。

步骤 3　单击"确定"按钮,输入解压密码。

图 1.18　解压缩文件

大学计算机应用基础实验教程(第 3 版)

第 2 章 Windows 操作实验

知 识 要 览

Windows 是微软公司出品的功能强大的多用户、多任务图形界面操作系统,它提供便捷的即插即用硬件安装,卓越的多语种支持,出色的多媒体和图形图像功能,更强的系统安全和网络支持。Windows 是目前个人计算机的主流操作系统,具有最多的用户群。Windows 操作主要可分为文件管理、程序管理和计算机管理等三部分。

通过本章的学习与实验,读者应该掌握如下知识点:
- 文件管理。"计算机"的使用;资源管理器的使用,包括文件和文件夹的新建、更名、复制、移动和删除等;文件搜索,掌握常见文件类型的扩展名;回收站操作;文件关联。
- 程序管理。应用程序的安装和卸载;程序的运行;任务管理器的使用,掌握系统停止响应后的处理方法;快捷方式,了解其实质和建立的一般方法。
- 计算机管理。控制面板的使用,包括桌面图案设置、屏幕保护程序、区域设置等;用户管理,主要是如何建立新用户;磁盘管理,优盘的使用方法,磁盘清理程序的使用;"系统信息"的考察;软件故障的排除。

本章共安排了 5 个实验(包括 19 个任务),目的是帮助读者熟练掌握学过的知识,强化实际动手能力。

实验 2.1 文件与文件夹操作

文件与文件夹操作是 Windows 资源管理中最核心最重要的部分,需要学生下大气力来熟悉和掌握它。文件和文件夹的操作工具主要有"计算机"和资源管理器两种,由于资源管理器的界面很好地反映了文件的树型结构,操作起来比较直观方便,所以本实验采用资源管理器来进行叙述。

通过本实验,要求学生能熟练地进行文件和文件夹的有关操作,其中包括创建、浏览、选择、改名、删除、搜索、复制、移动、属性设置等,并建立一个实用的多媒体素材库,供后续的实验使用。

任务 2.1.1 文件与文件夹的创建、更名和删除

任务描述

在 E 盘上建立用户自己的多媒体素材文件夹,并在其下建立文本、图形、音频、动画和视频等子文件夹,子文件夹中又可建立下一层的子文件夹,如图 2.1 所示。

在文件夹"1-文本\TXT"中,创建一个文本文件。练习文件和文件夹的更名和删除操作。

操作步骤

(1) 创建多媒体素材文件夹。

步骤 1 右击"开始"按钮,选择"打开 Windows 资源管理器"菜单项,进入资源管理器窗口,如图 2.2 所示。

步骤 2 选择 E 盘,在右框中的空白处右击,在弹出的菜单中选择"新建"→"文件夹"菜单项,如图 2.3 所示。

步骤 3 在"新建文件夹"的方框中输入"李平-多媒体",并按回车键,如图 2.4 所示。注意,如果"新建文件夹"方框已不在输入状态,无法输入,可以右击方框,在弹出的菜单中选"重命名",再输入文件夹名。

步骤 4 在资源管理器的左框中选中刚建立的文件夹"李平-多媒体",用上述步骤 2 和步骤 3,逐个地建立子文件夹"1-文本"、"2-图形"、"3-音频"、"4-动画"和"5-视频",如图 2.5 所示。

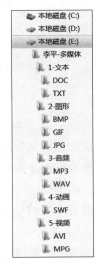

图 2.1 多媒体素材文件夹

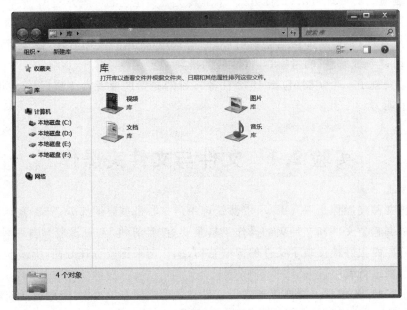

图 2.2 资源管理器窗口

大学计算机应用基础实验教程(第 3 版)

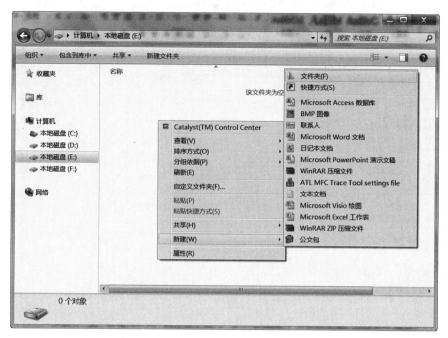

图 2.3 新建文件夹

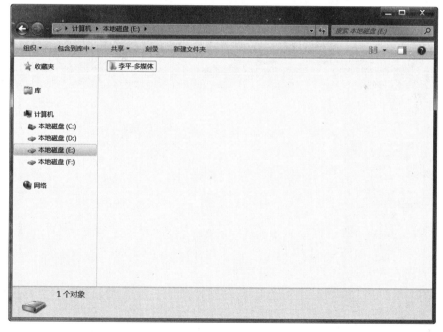

图 2.4 输入文件夹名称

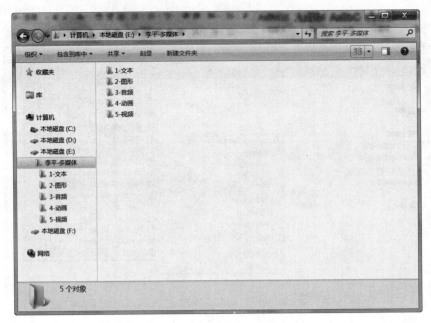

图 2.5　建立各子文件夹

步骤 5　在子文件夹"1-文本"中进一步建立下一层的子文件夹 TXT 和 DOC,如图 2.6 所示。同样,在其他子文件夹中也建立各自的下一层子文件夹。最后结果应如图 2.1 所示。

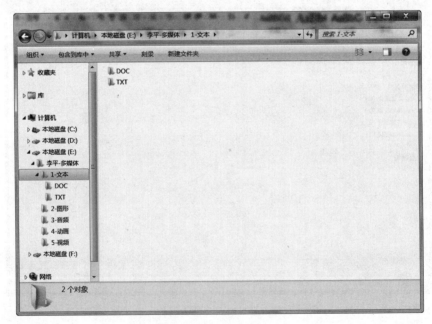

图 2.6　建立下一层的子文件夹

大学计算机应用基础实验教程(第 3 版)

（2）创建一个文本文件。

步骤1　在资源管理器左框选中"E:\李平-多媒体\1-文本\TXT"子文件夹,然后右击资源管理器右框空白处,弹出如图2.7所示的菜单,其中列出了许多可以直接创建的文件类型。

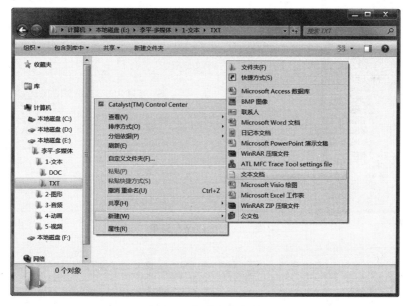

图2.7　新建文本文档

步骤2　单击"文本文档",则可在"新建文本文档"框中输入文本文件的名称,如"搜索引擎"。若无法输入,可右击之,再"重命名"。

步骤3　双击新建的文件名"搜索引擎",则可打开与文本文件相关联的应用程序"记事本",如图2.8所示。可在其中输入文章,或进行编辑工作。

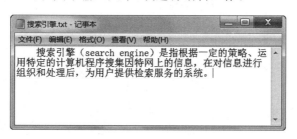

图2.8　在记事本中输入内容

步骤4　保存此文件,最后结果如图2.9所示。

同样,在如图2.7所示的菜单中选择"BMP图像",则可以创建以bmp为扩展名的图形文件,进而可打开"画图"来作图。

（3）文件和文件夹的更名和删除。

步骤1　打开文件夹"E:\李平-多媒体\1-文本\TXT"。右击资源管理器右框中的文件"搜索引擎",弹出如图2.10所示的菜单。选中"重命名",即可更改文件名。

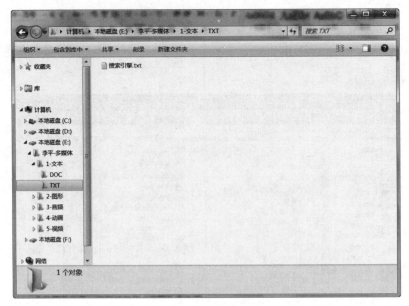

图 2.9　文件保存结果

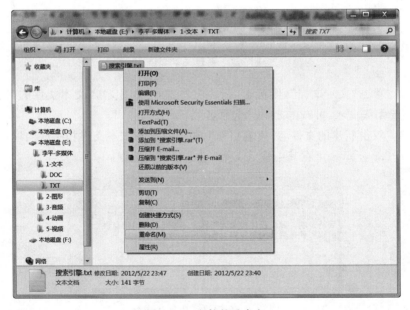

图 2.10　文件的重命名

　　另外,慢速单击文件名两次(不是双击),也可更改文件名。

　　步骤 2　在图 2.10 中,如选择"删除",即可删除此文件。选中文件后按 Delete 键也可以删除文件。

　　这样删除的文件将进入回收站,如果需要还可以还原。如果不想让文件进入回收站,而是直接删除,则可以按住 Shift 键,再进行删除操作。

　　步骤 3　文件夹的更名和删除操作和对文件的操作是一样的。读者可自己试验。

任务 2.1.2 对象的浏览、选择、复制和移动

任务描述

· 练习文件夹的展开与折叠，文件夹中的对象（包括子文件夹和文件）的排序。

· 练习对象的选定方法，包括单选、多选（连续选和间隔选）、反选和全选。

· 练习对象的复制或移动。

操作步骤

（1）对象的浏览和排序。

步骤 1　在资源管理器中，单击工具栏上"组织"→"布局"→"菜单栏"，显示菜单栏。

步骤 2　在资源管理器左框的目录树中单击带有"▷"的节点，观察树的展开情况，单击带有"◢"的节点，观察树的折叠情况，如图 2.11 所示。

步骤 3　在资源管理器中选中"C：\Windows\Media"文件夹，单击上方的"查看"菜单项，可以看到有"超大图标"、"大图标"、"中等图标"、"小图标"、"列表"、"详细信息"、"平铺"和"内容"等 8 种查看方式。选定"详细信息"方式，如图 2.11 所示。

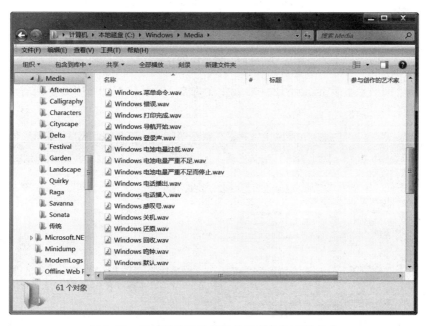

图 2.11　目录树的展开与折叠和文件的查看方式

步骤 4　在资源管理器右框上方单击"名称"按钮，观察文件名的排列情况（从 a 到 z，升序），再单击一次，观察文件名的排列情况（从 z 到 a，降序）。

步骤 5　定位到别的文件夹，再对文件进行排序和浏览。

（2）对象的选择。

在资源管理器中，选中"C：\Windows\Media"文件夹。

步骤 1　单选。在资源管理器右框中，单击一个文件夹或文件，该对象被选中。

步骤 2　连续选。要选定连续的多个对象,可单击第一个对象,再按住 Shift 键,单击最后一个对象,如图 2.12 所示。

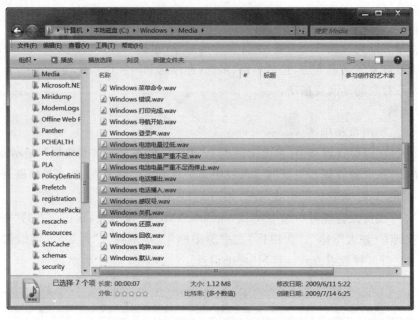

图 2.12　选定连续对象

步骤 3　间隔选。要选定不连续的若干个对象,可按住 Ctrl 键,再单击各个对象,如图 2.13 所示。

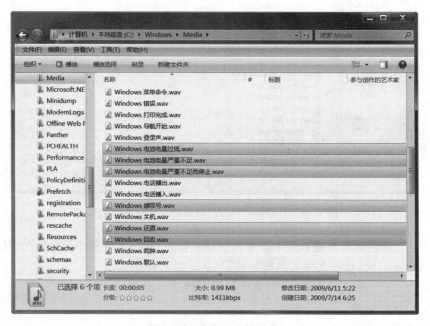

图 2.13　选定不连续对象

大学计算机应用基础实验教程(第 3 版)

步骤 4　反选。选定若干个对象后,执行"编辑"→"反向选择"命令,则可放弃选定的对象,而选定文件夹中的其余对象。

步骤 5　全选。执行"组织"→"全选"或者"编辑"→"全选"命令,或者按 Ctrl＋A 键,即可将当前文件夹中的对象全部选定。

（3）复制和移动。

步骤 1　对象复制。选定对象以后,在菜单上选择"编辑"→"复制到文件夹",如图 2.14 所示。

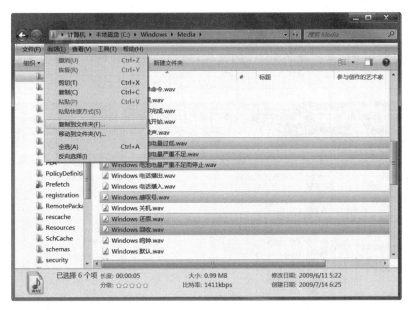

图 2.14　对象复制

然后在弹出的浏览框中选定目的文件夹,例如"E:\李平-多媒体\3-音频\WAV",再单击"复制"按钮即可,如图 2.15 所示。

也可在选定对象以后,左手按住 Ctrl 键,右手按住鼠标左键不放,将要复制的对象直接拖到资源管理器左框中的目的文件夹中去。

步骤 2　对象移动。与步骤 1 完全相似,只需将图 2.14 中的选项改为"移动到文件夹"即可。如直接拖动,左手应按住 Shift 键。

对象的移动和复制,也可以用键盘操作,通常是 4 步:

① 选定要移动或复制的对象;

② 按 Ctrl＋X 键(用于移动)或 Ctrl＋C 键(用于复制);

③ 确定目的地(文件夹);

④ 按 Ctrl＋V 键。

图 2.15　选定目的文件夹

任务 2.1.3　文件搜索

任务描述

搜索本计算机内的多媒体素材文件,并分门别类地存入上面任务 2.1.1 所建立的多媒体素材库文件夹内。

下面以在 C 盘中搜索以 avi 为扩展名的视频文件为例进行描述。

操作步骤

步骤 1　在资源管理器左框中选定 C 盘,在右上角的搜索框中输入搜索关键词"∗.avi"后回车,系统即开始搜索扩展名为 avi 的文件,搜到的文件均列在资源管理器右框中,如图 2.16 所示。

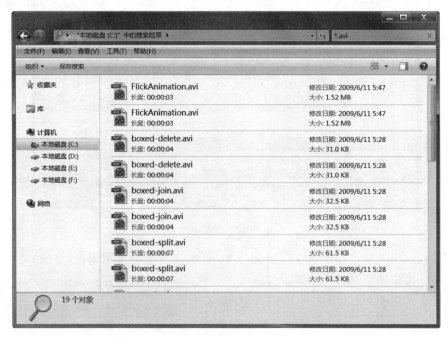

图 2.16　搜索文件

步骤 3　单击"编辑"→"全选"。也可以选取部分文件。

步骤 4　将选取的文件复制到"D:\李平-多媒体\5-视频\AVI"文件夹中。

步骤 5　在资源管理器的左框中,选中"E:\李平-多媒体\5-视频\AVI"文件夹。可以看到,"E:\李平-多媒体\5-视频\AVI"文件夹中已经有了许多 avi 视频文件,如图 2.17 所示。

步骤 6　用同样的方法,搜索计算机中的其他多媒体素材,例如图形文件"∗.bmp"、"∗.jpg",音频文件"∗.wav"等,并把它们复制到多媒体素材库的相应文件夹中。

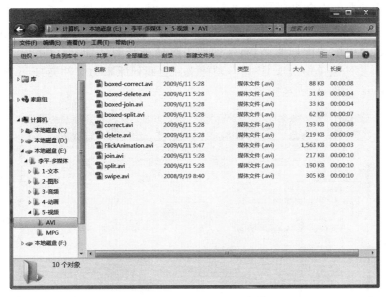

图 2.17 在资源管理器中浏览搜索结果

任务 2.1.4 回收站操作

任务描述

练习回收站操作,包括文件的还原、回收站的清空、回收站属性的设置等。

操作步骤

步骤 1 如图 2.18 所示,在资源管理器中,选择工具栏上的"组织"→"文件夹和搜索选项",在"文件夹选项"对话框的"常规"选项卡的"导航窗格"中选定"显示所有文件夹"。

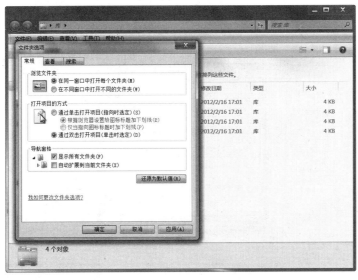

图 2.18 在资源管理器中显示"回收站"

这样资源管理器左框中会出现"回收站"。

步骤2 文件的还原。首先,删除"E:\李平-多媒体\5-视频\AVI"中的文件。在资源管理器左框目录树中选中回收站,右框中即出现被删除的文件。右击"FlickAnimation.avi"文件,在弹出的菜单中选取"还原",则此文件会回到原来的文件夹"E:\李平-多媒体\5-视频\AVI"中,如图2.19所示。

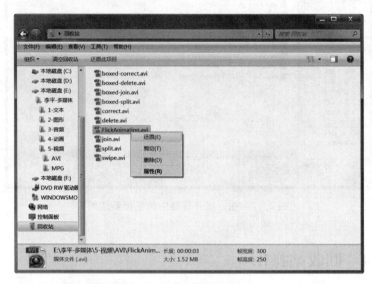

图2.19 还原已删除文件

步骤3 清空回收站。右击资源管理器左框中的"回收站",单击工具栏上"清空回收站",即可将回收站中的文件全部删除。回收站中的文件删除后无法再还原了。

步骤4 回收站属性的设置。右击资源管理器左框中的"回收站",选择工具栏上的"组织"→"属性"选项,可得到图2.20所示的"回收站"属性对话框。

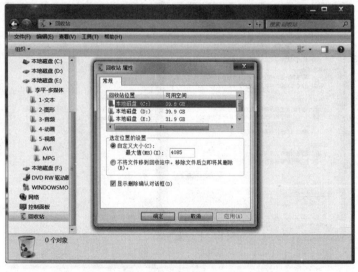

图2.20 设置回收站属性

大学计算机应用基础实验教程(第3版)

不同磁盘上的"回收站"可以有不同的属性设置。

这里的设置项主要有:

(1) 自定义"回收站"大小;

(2) 不将文件移到回收站中,移除文件后立即将其删除。这一项一般不选;

(3) 显示删除确认对话框。这一项一般要选。

实验 2.2 程 序 管 理

应用程序是解决各类实际问题的工具。本实验让学生练习有关应用程序的系统知识,包括:

- 应用程序的安装;
- 应用程序的卸载;
- 程序的运行和任务管理器;
- 快捷方式。

任务 2.2.1 应用程序的安装

任务描述

安装应用软件。

操作步骤

通常,程序可以从光盘或从网络安装。

(1) 大型软件的安装。

整张光盘就只有一个软件。对于这种软件,只要把光盘插入光驱,光盘的自启动安装程序就会开始运行,只要根据屏幕提示一步一步地进行操作,即可完成安装过程。

如果安装程序没有自己启动,可以在"计算机"或资源管理器中打开光盘,在其根目录下找到安装文件,如"Setup. exe"或"Install. exe",然后双击之,安装程序就会开始运行。只要根据安装向导的提示一步一步地进行操作即可。

(2) 小型软件的安装。

小型软件一般从网络上下载而来。如果是光盘形式的,那么一张光盘上就会包含许多软件。首先要在"计算机"或资源管理器当中进行浏览,找到要安装的软件,这种软件往往是自解压的。双击之,安装程序就会开始执行,只要根据屏幕提示一步一步地进行操作即可。

(3) 软件应用商店下载。

软件应用商店,即 App store,最初是苹果公司为 iPhone、iPad 以及 Mac 等产品创建的服务,允许用户浏览和下载一些专门为 iPhone、iPad 以及 Mac 开发的应用程序。用户可以购买或免费试用。形成了用户、开发者、公司三方共赢的产业链。目前各大公司纷纷推出了自己的应用商店,如谷歌软件应用商店 Android Market、微软软件应用商店 Windows Marketplace 等。

下面以安装"QQ 游戏"为例,说明软件安装过程。

步骤 1　在"http://qqgame.qq.com"网站下载"QQ 游戏"软件。

步骤 2　运行"QQ 游戏"的安装文件,安装过程即开始。安装过程中,一般采用安装向导自动提供的参数配置和安装位置,只要不断地单击"下一步"按钮,直到出现"完成"按钮,并单击之即可。

步骤 3　安装成功以后,选择"开始"→"所有程序"→"腾讯游戏"→"QQ 游戏",就可以看到程序列表有一项就是"QQ 游戏",单击就可以开始运行它了。也可以直接双击桌面上的"QQ 游戏"图标,来运行它。

任务 2.2.2　应用程序的卸载

任务描述

- 利用软件自身所带的卸载程序进行卸载;
- 利用控制面板卸载应用程序。

操作步骤

(1) 利用软件自身所带的卸载程序进行卸载。

下面以卸载"QQ 游戏"为例说明卸载过程。

步骤 1　选择"开始"→"所有程序"→"腾讯游戏"→"QQ 游戏",就可以看到程序列表有一项就是"卸载 QQ 游戏"。

步骤 2　单击之,卸载开始,只需按照屏幕提示操作即可。

(2) 利用控制面板进行卸载。

下面以卸载"QQ 游戏"为例说明卸载过程。

步骤 1　选择"开始"→"控制面板",打开"控制面板",在控制面板的"程序"栏目下打开"卸载程序"选项,找到要卸载的软件"QQ 游戏",如图 2.21 所示。

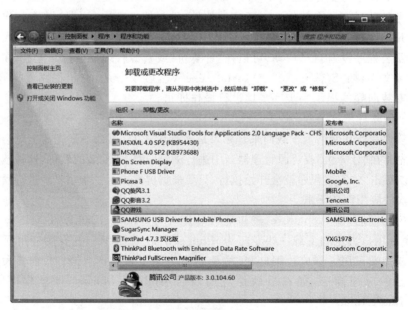

图 2.21　用控制面板卸载应用程序

步骤 2　单击工具栏上"卸载/更改"按钮,并按屏幕提示进行操作,即可将此软件卸载。

任务 2.2.3　程序的运行和任务管理器

任务描述

练习运行应用程序的各种方式,并学会使用任务管理器来结束已停止响应的程序。

操作步骤

步骤 1　程序运行,以运行"记事本"应用程序为例。

方式(1)选择"开始"→"所有程序"→"附件"→"记事本"菜单项。

方式(2)在资源管理器中找到"记事本"应用程序"C:\Windows\System32\notepad.exe",双击之。这要求用户知道"记事本"应用程序的名字及其所在的地方。当然用户可以搜索。

方式(3)单击"开始"选项,在"搜索程序和文件"框中输入"notepad"。再单击"notepad.exe",如图 2.22 所示。

方式(4)在桌面上双击"记事本"的快捷方式。建立快捷方式的方法可参见下面任务 4。

步骤 2　任务管理器操作。

当计算机停止响应,即"死机"时,可用任务管理器来结束停止响应的程序。

(1)按 Ctrl＋Alt＋Delete 键,在桌面上单击"启动任务管理器",则弹出"Windows 任务管理器"窗口,如图 2.23 所示。

图 2.22　运行程序

图 2.23　任务管理器

(2)"应用程序"选项卡中列出了当前正在运行的程序,如果其中有状态为"未响应"的程序,则可选中它,再单击"结束任务"按钮。

任务 2.2.4　快捷方式

任务描述

桌面快捷方式的创建。

操作步骤

以在桌面上建立记事本程序(notepad.exe)的快捷方式为例。

方法 1　右击桌面空白处,在弹出的菜单上选择"新建"→"快捷方式"命令,出现"创建快捷方式"对话框;单击"浏览"按钮,找到记事本程序,即"C:\Windows\System32\notepad.exe",如图 2.24 所示,再按提示一步一步地操作即可。

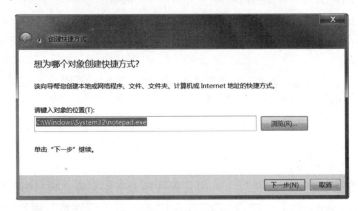

图 2.24　创建快捷方式

方法 2　在资源管理器中找到"C:\Windows\System32\notepad.exe",右击之,在弹出的菜单中选择"发送到"→"桌面快捷方式"即可,如图 2.25 所示。

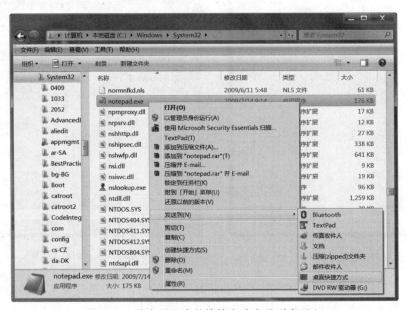

图 2.25　将应用程序的快捷方式发送到桌面上

　大学计算机应用基础实验教程(第 3 版)

方法 3　单击"开始"→"所有程序"→"附件"→"记事本"菜单项,然后右击之,在弹出的菜单中选择"发送到"→"桌面快捷方式"即可。

要在桌面上建立文件夹的快捷方式,可以用上述的方法 2。例如,在资源管理器中找到文件夹"E:\李平-多媒体",右击之,在弹出的菜单中选择"发送到"→"桌面快捷方式",即可在桌面上建立文件夹"E:\李平-多媒体"的快捷方式。

实验 2.3　系 统 设 置

本实验主要是对 Windows 控制面板进行设置。由于控制面板的内容很多,这里只列举出最常见的部分。学生经过本实验的练习,要能够举一反三,对控制面板的其他内容进行类似的设置。

任务 2.3.1　桌面背景的设置

任务描述

桌面背景的设置。并应用"填充"、"适应"、"拉伸"、"平铺"、"居中"等图片置放方式。

操作步骤

步骤 1　选择"开始"→"控制面板",在控制面板的"外观和个性化"栏目下打开"更改桌面背景"选项,或在桌面空白处右击,在弹出的菜单中选择"个性化"菜单项,在出现的窗口下方单击"桌面背景",可得图 2.26 所示的对话框。

图 2.26　桌面图案的设置

步骤2　在对话框上方的"图片位置"下拉列表中选择桌面背景,如果都不满意,则可以单击"浏览"按钮在整个计算机中寻找。

步骤3　在对话框中间列表框中单击某个图片使其成为桌面背景,或选择多个图片创建一个幻灯片。如果创建了幻灯片,可以在对话框下方的"更改图片时间间隔"下拉列表中选择幻灯片切换时间,根据时间间隔自动更改桌面背景。

步骤4　在对话框下方的"图片位置"下拉列表中选择桌面背景的显示方式:"填充"、"适应"、"拉伸"、"平铺"、"居中",如果图片较大,可用"居中",如果图片较小,可考虑用"平铺"或"拉伸"。

桌面背景设置完毕,单击"保存修改"按钮。

任务2.3.2　屏幕保护

任务描述

进行屏幕保护程序的设置,所用的实例是"三维文字"。

操作步骤

步骤1　选择"开始"→"控制面板",单击"外观和个性化",在出现的窗口"个性化"栏目下打开"更改屏幕保护程序"选项,或在桌面空白处右击,在弹出的菜单中选择"个性化"菜单项,在出现的窗口下方单击"屏幕保护程序",可得图2.27所示的对话框。

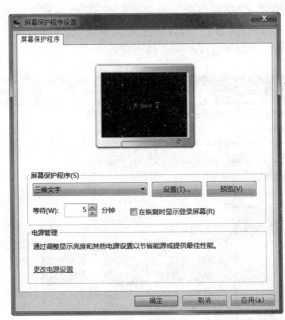

图2.27　屏幕保护程序设置

步骤2　在对话框的"屏幕保护程序"下拉列表中选择"三维文字",接着单击"设置"按钮,出现"三维文字设置"对话框,如图2.28所示。

步骤3　在对话框的"自定义文字"栏中输入"请稍等片刻"字样,并对"选择字体"、

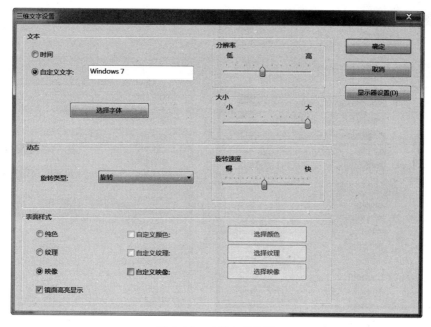

图 2.28　三维文字设置

"大小"、"旋转类型"、"旋转速度"、"表面样式"等选项作适当的调整,单击"确定"按钮退出。

步骤 4　如要设置密码,可在图 2.27 中将"在恢复时使用登录屏幕"复选框选中。这样设置后,在从屏幕保护中恢复时用户必须使用 Windows 的启动密码。

步骤 5　在图 2.27 的"等待"数值框中,设置适当的屏幕保护程序启动等待时间(可设定最少时间 1 分钟)。

步骤 6　单击"确定"按钮关闭所有对话框后,暂停计算机操作,等待 1 分钟后,观察计算机屏幕的变化。

任务 2.3.3　区域设置

任务描述

设置货币、小数、负数、日期、时间等的格式。

操作步骤

选择"开始"→"控制面板"→"时钟、语言和区域"选项,在出现的窗口"区域和语言"栏目下打开"更改日期、时间或数字格式"选项,可得图 2.29 所示的设置界面。

图 2.29 中清楚地列出了语言种类(中文)、日期和时间(包括短日期和长日期、短时间和长时间)的格式。如果要进行更改,则可单击"其他设置"按钮,进入图 2.30 所示的设置界面。

选项卡 1:数字格式,如图 2.30 所示,包括小数格式、数字分组符号、负数格式、度量衡等。

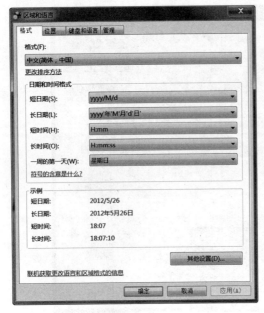

图 2.29　区域和语言设置

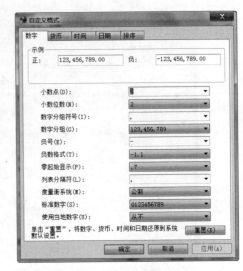

图 2.30　数字格式

选项卡 2：货币格式，如图 2.31 所示，包括货币符号及其位置、负数格式等。

选项卡 3：时间格式，如图 2.32 所示，包括时间样式、分隔符、上下午表示方法等。

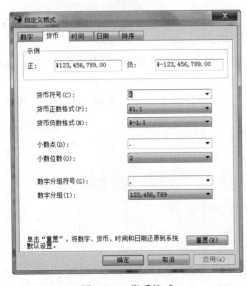

图 2.31　货币格式

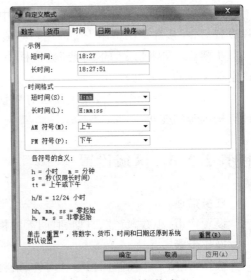

图 2.32　时间格式

选项卡 4：日期格式，如图 2.33 所示，包括长短日期格式和分隔符等。

在进行上述设置的时候，每调节一个选项卡，单击一下"应用"按钮，再进行下一个选项卡的调节。整个调节完毕就单击"确定"按钮。

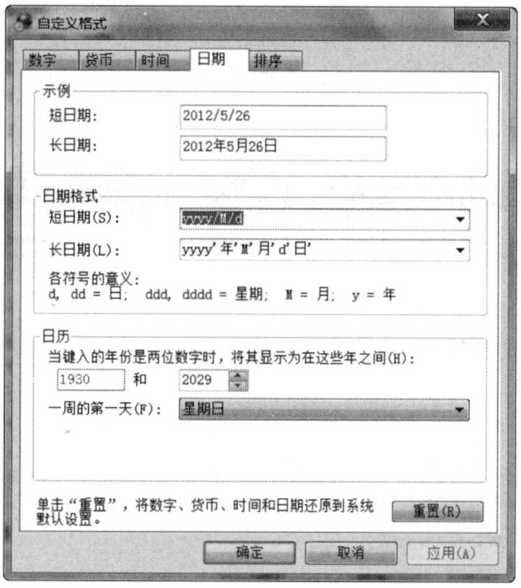

图 2.33　日期格式

任务 2.3.4　用户管理

任务描述

建立新用户,并设置密码。

操作步骤

有三种类型的账户。不同类型的账户为用户提供不同的计算机控制级别:标准账户适用于日常使用。管理员账户可以对计算机进行最高级别的控制,但应该只在必要时才使用。来宾账户主要针对需要临时使用计算机的用户。

步骤 1　以管理员账户登录,选择"开始"→"控制面板"→"用户账户和家庭安全"选项,在出现的窗口"用户账户"栏目下打开"添加或删除用户账户"选项,可得图 2.34 所示的设置界面。

图 2.34　创建新用户

步骤 2　单击"创建一个新账户"。

步骤 3　为新账户取一个名字，并选择账户类型，可选择"管理员"或"标准用户"，如图 2.35 所示。

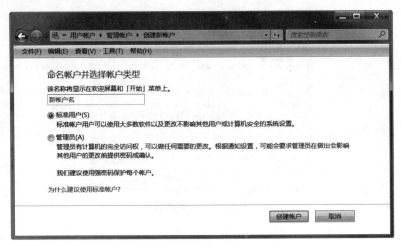

图 2.35　命名账户并选择账户类型

步骤 4　单击"创建账户"按钮，工作完成。

在设置"用户账户"时，还可以进行密码的设置和更改，读者可自行试验。

实验 2.4　系统维护

Windows 是一个非常复杂的系统，经常会出现各种各样的问题，对其进行维护是一件十分重要的日常工作。

本实验的主要内容涉及优盘的使用、硬盘的清理、系统信息的考察和系统故障的排除等。

任务 2.4.1　优盘的使用

任务描述

练习优盘的插入和拔除操作。

操作步骤

步骤 1　将优盘插入主机中的 USB 接口，可以在"计算机"或资源管理器中看到"可移动磁盘"图标，这就是优盘。

步骤 2　优盘的拔除。优盘拔除不能随意，否则会损坏数据。

（1）单击屏幕右下方任务栏中的"显示隐藏的图标"，在出现的对话框中单击"安全删除硬件并弹出媒体"图标，如图 2.36 所示。

（2）在出现的菜单中单击要拔除的优盘（如"弹出 v220w"），不同的优盘，其标识是不一样的，如图 2.37 所示。在出现"安全地移除硬件"提示后将优盘拔下。

图 2.36　优盘的拔除　　　　　　　　　　　图 2.37　拔下硬件设备

注意：移动硬盘的使用和优盘是一样的。

任务 2.4.2　磁盘清理程序的使用

任务描述

磁盘清理。主要目的是回收磁盘存储空间。主要手段有：清空回收站，删除临时文件和不再使用的文件，卸载不再使用的软件等。

操作步骤

步骤 1　选择"开始"→"所有程序"→"附件"→"系统工具"→"磁盘清理"，并选择要清理的驱动器（如 C 盘）后，得到图 2.38 所示的对话框。

在图 2.38 中显示了若干类可供删除的文件，其中有：

图 2.38　选择要删除的文件类型

（1）已下载的程序文件；

（2）Internet 临时文件；

（3）回收站中的文件；

（4）临时文件。

步骤 2　选中欲删除的文件类型后单击"确定"按钮即可。

任务 2.4.3　系统信息的考察

任务描述

考察系统信息。系统信息反映了计算机系统运行时各个部件的实际状况，有利于用户对计算机的控制，还可以帮助用户寻找系统中存在的问题。

操作步骤

选择"开始"→"所有程序"→"附件"→"系统工具"→"系统信息"选项，得到图 2.39 所示的窗口。

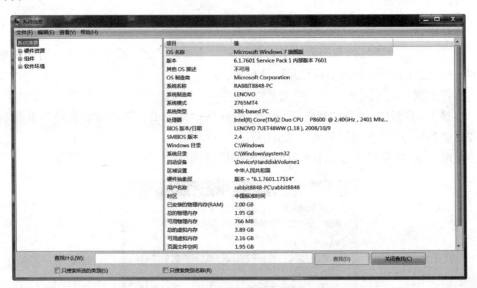

图 2.39　系统信息

图 2.39 左边的窗口中，有类似资源管理器的目录结构，展开各个分支，可得系统（包括硬件和软件）的各种详细信息。

任务 2.4.4　故障排除

任务描述

系统还原。

操作步骤

选择"开始"→"所有程序"→"附件"→"系统工具"→"系统还原"选项，出现系统还原向导,单击"下一步"按钮,可得图 2.40 所示的界面。

图 2.40　选择还原点

选择一个还原点,再单击"下一步"按钮,可得图 2.41 所示的界面。单击"完成"按钮,计算机会重新启动。

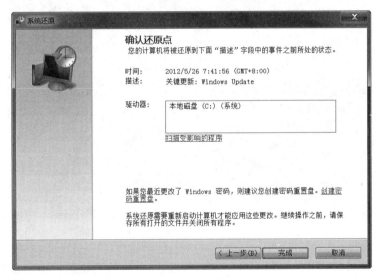

图 2.41　选择还原点

如果计算机重启后仍然不能正常运行,可以将系统还原到更早的日期,再试试。

注意:在机房做这个实验的时候,如果机房里的计算机安装了保护卡的话,系统还原并不能达到预期效果。

实验 2.5　进 阶 提 高

本实验提供了一些带有提高性质而又相对独立的任务。包括屏幕抓图、文件关联和注册表的使用,其中屏幕抓图是每个学生必须掌握的基本功。

任务 2.5.1　屏幕抓图

任务描述

抓取桌面上的图案或图标,应用于文档之中。

操作步骤

(1) 抓取桌面上的图标。

步骤 1　显示桌面,按一下 Print Screen 键。

步骤 2　选择"开始"→"所有程序"→"附件"→"画图",打开"画图"窗口,单击"画图"工具栏上的"剪贴板"图标,在出现的下拉菜单中单击"粘贴"图标,选定"粘贴"菜单项,则整个屏幕被导入"画图"窗口,如图 2.42 所示。

图 2.42　整个桌面已粘贴入"画图"窗口

步骤 3　单击"画图"工具栏上的"图像"图标,在出现的下拉菜单中单击"选择"图标,选定"矩形选择"菜单项,拖动鼠标,框住"腾讯 QQ"图标,再选择"剪贴板"→"复制",将其存入剪贴板。再打开 Word 文档,将图标粘贴入(插入)适当位置。

(2) 抓取屏幕保护图案。

设欲将"彩带"屏幕保护图案抓取下来存成文件。

步骤 1　选择"开始"→"控制面板",单击"外观和个性化",在出现的窗口"个性化"栏目下打开"更改屏幕保护程序"选项,或在桌面空白处右击,在弹出的菜单中选择"个性化"菜单项,在出现的窗口下方单击"屏幕保护程序",选定"彩带"屏幕保护程序,单击"预览"

按钮。

步骤 2　当屏幕上出现"彩带"图案时,按下 Print Screen 键。

步骤 3　打开"画图",将刚刚抓取的图案导入"画图"窗口。

步骤 4　将图案存成一个图形文件(最好用 jpg 格式,以节省存储空间),不妨存入实验 1 所建的"E:\李平-多媒体\2-图形\JPG"子文件夹中。图案存成文件以后,就可以用于其他场合。

(3) 抓取活动窗口。

可用 Alt+Print Screen 键抓取当前活动窗口。例如,单击"开始"→"游戏",双击"纸牌"图标,开始玩"纸牌"游戏,这时按下 Alt+Print Screen 键,则可打开游戏窗口,如图 2.43 所示。粘贴入"画图"窗口后,可以将扑克牌一张一张地取下来,读者可以自行试验。

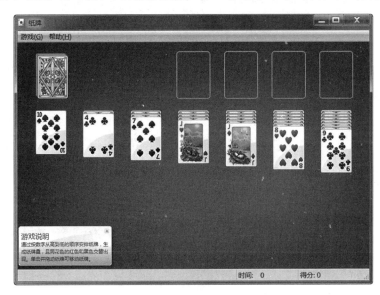

图 2.43　"纸牌"活动窗口

任务 2.5.2　文件关联

任务描述

- 对于某种格式的文件来说,改变与其关联的应用程序;
- 打开没有关联应用程序的文件。

操作步骤

(1) 对于某种格式文件,改变与其关联的应用程序。

假设与扩展名为 jpg 的图形文件相关联的应用程序是"Windows 照片查看器",也就是双击扩展名为 jpg 的图形文件,"Windows 照片查看器"会打开该文件。如果要改变其关联的应用程序,例如改成"画图",做法是:

步骤 1　打开"计算机"或资源管理器。选中任一个扩展名为 jpg 的图形文件,例如"沙漠.jpg",然后右击,可以在弹出的菜单中发现"打开方式"菜单项,如图 2.44 所示。

图 2.44 文件的右击菜单

步骤 2 执行"打开方式"→"选择默认程序"命令,可得到图 2.45 所示的对话框。选择要关联的应用程序。这里选择"画图"。

图 2.45 "打开方式"对话框

步骤 3 如果这时单击"确定"按钮,则文件"沙漠.jpg"在"画图"中打开,但尚未与"画图"程序建立关联。下一次直接双击以 jpg 为扩展名的图形文件时,仍然还是在"Windows 照片查看器"中打开。

步骤 4 要建立 jpg 文件与"画图"程序的永久关联,必须在图 2.45 中将"始终使用选择的程序打开这种文件"复选框打钩选中,再单击"确定"按钮。

(2) 打开没有关联应用程序的文件。

在计算机中往往有一些文件,其图标是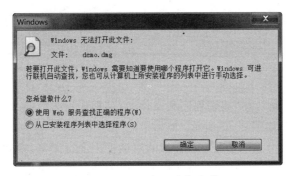,这种文件是尚未建立关联程序的文件。双击这种文件,并不能直接打开它,而是弹出如图 2.46 所示的对话框。这时,可以寻找一种合适的应用程序将其打开,选择"从已安装程序列表中选择程序",单击"确定"按钮。出现图 2.45 所示的对话框,如果"推荐的程序"列表中没有合适的应用程序,还可以单击"浏览",在整个计算机中寻找。在成功打开文件之后,可以进一步让其与此应用程序建立永久性关联。

图 2.46　无法打开未知文件

如果在图 2.46 所示的对话框中,选择"使用 Web 服务查找正确的程序",这会启动浏览器,搜索 Web 来获取相关的软件和信息。

任务 2.5.3　注册表的使用

任务描述

- 注册表的备份与恢复;
- 利用注册表清理开机启动程序。

操作步骤

(1) 注册表的备份与恢复;

① 备份。

步骤 1　单击"开始",在"搜索程序和文件运行"框输入"regedit"并回车,就进入了"注册表编辑器"窗口,如图 2.47 所示。

可以发现,注册表编辑器和资源管理器很相像。窗口左边是 5 个文件夹,分别是文件类型、当前用户、本计算机、用户组和当前配置。单击"▷"图标,可展开其中的各个分支。具体信息(称为"键值")列在右边。

步骤 2　选择"文件"→"导出",即可把当前的注册表保存成一个备份文件。要存在一个安全的地方,例如 E 盘或优盘;取一个适当的名字,例如"2012-05-28",系统会自动加上扩展名 reg。

② 恢复。

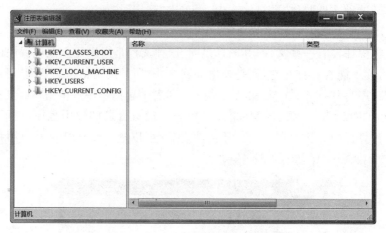

图 2.47 "注册表编辑器"窗口

步骤 1 单击"开始",在"搜索程序和文件运行"框中输入"regedit"并回车,就进入了"注册表编辑器"窗口,如图 2.47 所示。

步骤 2 选择"文件"→"导入",在弹出的对话框中进行浏览,找到备份的注册表。

步骤 3 单击"打开"按钮,即可将备份的注册表恢复到系统中。

(2) 利用注册表清理开机启动程序。

计算机使用一段时间以后,屏幕右下角任务栏中的图标会越来越多,这些图标代表着在后台运行的程序,而这些程序大都是开机时就自动运行的。这些程序有的并不需要,但却延缓了开机时间,也无谓地占据了宝贵的资源。可以利用注册表将这些程序的自启动性能去掉。

在图 2.47 所示的注册表编辑窗口中,打开目录树分支"计算机\HKEY_LOCAL_MACHINE\SOFEWARE\Microsoft\Windows\CurrentVersion\Run",可以看到右窗格中有许多键值,如图 2.48 所示,这些键值就代表了开机时自动启动的程序。不需要的键值直接删除即可。

图 2.48 开机时自动启动程序的键值

第 3 章 文字处理操作实验

知 识 要 览

Word 是微软公司出品的 Office 系列办公软件中的一个组件,是一个优秀的文字处理软件。Word 彻底改变了传统的用纸和笔进行文字处理的方式,将文字的录入、编辑、排版、存储和打印融为一体。Word 不但能处理文字,还包括了图形编辑功能,使文字和图形不再壁垒分明,各种图形可以任意穿插于字里行间,使得文档图文并茂,表达更加清晰明了、生动诱人。Word 适于制作各种文档,如论文、个人简历、信函、传真、公文、报刊、书刊等,在许多领域得到了广泛的应用,有助于提高工作效率,实现办公自动化。

Word 2010 界面友好,操作方便,是用户进行文稿编辑排版的理想工具。通过学习,读者能掌握如下知识点:

- 文档的基本操作和排版。掌握 Word 文档的创建、保存与打开;掌握文本的选定、删除、插入与改写、查找与替换、移动、复制与粘贴、撤销、恢复与重复操作等编辑功能;掌握文档字符格式、段落格式、页面格式等格式设置功能。
- 表格功能。掌握创建表格、编辑表格、设置表格格式、表格数据统计等知识。其中表格编辑相关的有行、列的删除与添加、单元格的拆分与合并,绘制斜线表头等知识;表格格式相关的有表格、单元格的边框与底纹,对齐方式,行高、列宽等知识。
- 图文混排。掌握插入图片、编辑图片、绘制图片、制作艺术字、文本框、页眉和页脚、公式编辑器、图文混排等知识。
- 掌握长文档的页面排版、文档结构、标题级别、文档排版、自动生成目录等知识。

本章共安排了 4 个实验(包括 8 个任务)来帮助读者进一步熟练掌握学过的知识,强化实际动手能力。

实验 3.1 文档的基本操作及排版

通过实验使学生掌握 Word 文档的创建、保存与打开;掌握文本的选定、删除、插入与改写、查找与替换、移动、复制与粘贴、撤销、恢复与重复操作等文本编辑功能;掌握文档格式设置、字符格式设置、段落格式设置、页面格式设置、特殊版式设置等基本文档格式设置。

任务 3.1.1　自荐书的编辑与排版

任务描述

启动 Word 2010,输入"自荐书"的全部文字,然后以"自荐书.docx"为文件名保存在自己的文件夹中;编辑自荐书,对正文内容进行简单分段,设置纸张大小为 A4、标题为"楷体、一号字",其他文字为"楷体、小四号字",字间距为 0.5 磅,正文首行缩进 2 字符,标题居中,标题与正文间距为 2 行,正文行间距为 1.5 倍行距,"自荐人"与正文间距为 3 行,"自荐人和日期"右对齐。参见图 3.1"自荐书"样式。

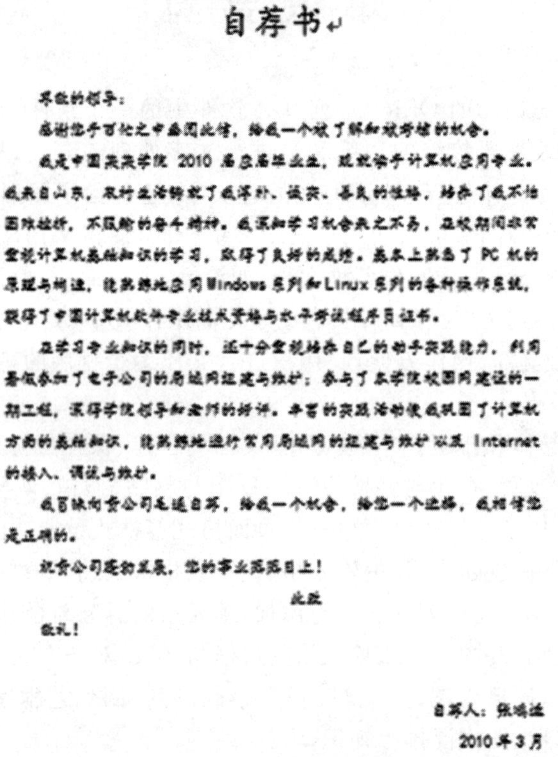

图 3.1　"自荐书"样式

操作步骤

步骤 1　输入文字内容。启动 Word 2010 应用程序,输入"自荐书"的所有内容,然后以"自荐书.docx"为文件名保存在自己的文件夹中。操作方法如下:

(1) 打开 Word 2010,在文档编辑区输入以下文字。

"自荐书尊敬的领导:感谢您于百忙之中垂阅此信,给我一个被了解和被考核的机会。我是中国某某学院 2010 届应届毕业生,现就读于计算机应用专业。我来自山东,农村生活铸就了我淳朴、诚实、善良的性格,培养了我不怕困难挫折,不服输的奋斗精神。我深知学习机会来之不易,在校期间非常重视计算机基础知识的学习,取得了良好的成绩。基本上熟悉了 PC 机的原理与构造,能熟练地应用 Windows 系列和 Linux 系列的各种操作系统,获得了中国计算机软件专业技术资格与水平考试程序员证书。在学习专业知识的同时,还十分重视培养自己的动手实践能力,利用暑假参加了电子公司的局域网组建与维护;参与了本学院校园网建设的一期工程,深得学院领导和老师的好评。丰富的实践活动使我巩固了计算机方面的基础知识,能熟练地进行常用局域网的组建与维护以及Internet 的接入、调试与维护。我冒昧向贵公司毛遂自荐,给我一个机会,给您一个选择,我相信您是正确的。祝贵公司蓬勃发展,您的事业蒸蒸日上! 此致敬礼! 自荐人:张鸿运 2010 年 3 月"。

(2) 单击功能区中"文件"选项卡的"另存为"命令,或单击"快速访问工具栏" 中的"保存"按钮,出现"另存为"对话框,如图 3.2 所示。

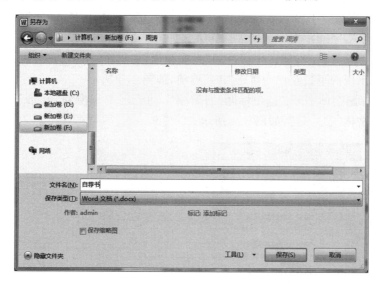

图 3.2 "另存为"对话框

(3) 在"另存为"对话框左栏单击盘符,右栏双击目录名定位到自己的文件夹(本例为 F:\周涛);在"文件名"文本框中输入文件名"自荐书",在"保存类型"下拉列表中选择文件类型"Word 文档(*.docx)",如图 3.2 所示,单击"保存"按钮保存文档。

步骤 2　编辑自荐书。对正文内容进行简单分段。

把光标移到所需分段处,在"插入"编辑状态下,按 Enter 键,进行分段,样式如下:

自荐书

尊敬的领导:

感谢您于百忙之中垂阅此信,给我一个被了解和被考核的机会。

我是中国某某学院 2010 届应届毕业生,现就读于计算机应用专业。我来自山东,农村生活铸就了我淳朴、诚实、善良的性格,培养了我不怕困难挫折,不服输的奋斗精神。我深知学习机会来之不易,在校期间非常重视计算机基础知识的学习,取得了良好的成绩。基本上熟悉了 PC 机的原理与构造,能熟练地应用 Windows 系列和 Linux 系列的各种操作系统,获得了中国计算机软件专业技术资格与水平考试程序员证书。

在学习专业知识的同时,还十分重视培养自己的动手实践能力,利用暑假参加了电子公司的局域网组建与维护;参与了本学院校园网建设的一期工程,深得学院领导和老师的好评。丰富的实践活动使我巩固了计算机方面的基础知识,能熟练地进行常用局域网的组建与维护以及 Internet 的接入、调试与维护。

我冒昧向贵公司毛遂自荐,给我一个机会,给您一个选择,我相信您是正确的。

祝贵公司蓬勃发展,您的事业蒸蒸日上!

此致

敬礼!

自荐人:张鸿运

2010 年 3 月

步骤 3　设置自荐书格式。设置纸张大小为 A4,标题为"楷体、一号字",正文文字为"楷体、小四号字",字间距为 0.5 磅。操作方法如下:

(1) 设置纸张大小:功能区中切换到"页面布局"选项卡,单击"页面设置"组中"纸张大小"命令,在出现的下拉菜单中单击"A4"选项,如图 3.3 所示。

(2) 设置标题字体字号:选中标题"自荐书",功能区中切换到"开始"选项卡,在"字体"组中选择"楷体"、"一号",如图 3.4 所示。

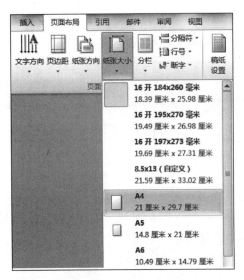

图 3.3　设置纸张大小

图 3.4　"开始"功能区中设置字体字号

(3) 设置正文字体字号:选中正文内容,在功能区"开始"选项卡的"字体"组中单击右下角 按钮,打开"字体"对话框。单击"字体"选项卡,选择"中文字体"为"楷体","字号"为"小四",如图 3.5 所示。

(4) 设置正文字符间距:在"字体"对话框中单击"高级"选项卡,设字符间距为"加宽 0.5 镑",如图 3.6 所示。

步骤 4　设置自荐书正文行间距和格式。设置正文首行缩进 2 字符,标题居中,标题与正文间距为 2 行,正文行间距为 1.5 倍行距,"自荐人"与正文间距为 3 行,"自荐人和日期"右对齐。操作方法如下:

大学计算机应用基础实验教程(第 3 版)

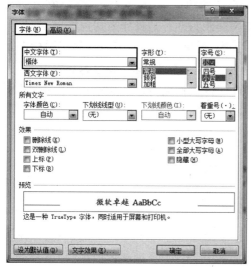

图 3.5　字体对话框中设置字体字号

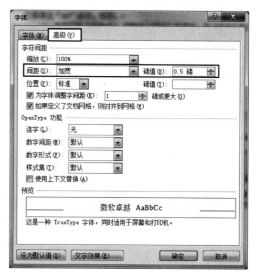

图 3.6　字体对话框中设置字符间距

（1）设置正文首行缩进：选中正文内容，在功能区"开始"选项卡的"段落"组中单击右下角 按钮，打开"段落"对话框。单击"缩进和间距"选项卡，在"特殊格式"下拉列表框中选择"首行缩进"，在"磅值"框中输入"2 字符"，如图 3.7 所示。

（2）设置正文行间距：在"段落"对话框的"缩进和间距"选项卡中，找到"行距"项，在其下拉列表框中选择"1.5 倍行距"，如图 3.7 所示。

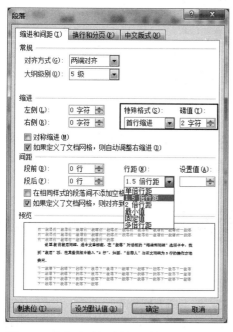

图 3.7　段落对话框中设置首行缩进和行距

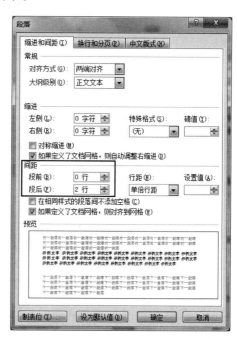

图 3.8　段落对话框中设置段前段后间距

（3）选中标题，在"段落"对话框的"缩进和间距"选项卡中，找到"段后"项，在其数值框中输入"2 行"，如图 3.8 所示。"自荐人"与正文间距为 3 行的操作方法类同。

（4）选中标题，在功能区"开始"选项卡的"字体"组中单击"居中"命令 ≡，则标题居中。选定"自荐人和日期"两行，单击"字体"组中的"右对齐"命令 ≡，则内容靠右对齐。

所有设置完成后，单击快速访问工具栏中的"保存"按钮，或功能区中依次单击"文件"→"保存"命令，以"自荐书.docx"为名保存文件。

任务 3.1.2　专业特色介绍的设计

任务描述

用自己习惯的中文输入法输入图 3.9 所示文字，或从"大学计算机基础教学网站"下载文本资料，然后以"专业介绍.docx"为文件名保存在自己的文件夹中。对已有的文本添加标题"工业设计专业介绍"，并设置标题格式为"居中、小初、华文彩云、蓝色渐变填充"。对"工业设计专业分为工业设计和数字媒体设计两个方向"文字加黄色底纹。设置页边框为"宽 22 磅艺术型"。将文中的英文单词"major of industrial design goals:"改成首字母大写，并添加 1.5 磅红色阴影边框。对正文第二、三段内容进行如下设置：英文内容标记成蓝色并加着重号；段与段之间添加一条虚线；每段均分成两栏，含分隔线；段首字下沉两行。将排好版的内容仍保存在"专业介绍.docx"中。样式如图 3.9 所示。

图 3.9　"专业介绍"样式

　大学计算机应用基础实验教程(第 3 版)

操作步骤

步骤1 编辑保存文件。用自己习惯的中文输入法输入下面文字,或下载,然后以"专业介绍.docx"为文件名保存在自己的文件夹中。操作方法如下:

(1) 打开 Word 2010,在文档编辑区输入下面文字:

工业设计专业分为工业设计和数字媒体设计两个方向。

工业设计(Industrial Design)方向是多学科交叉的边缘学科,综合性强,有着无限的生命力,在国内正处于飞速发展阶段。本方向培养基础扎实、知识面宽、具有创新精神的从事新产品开发与设计、产品造型设计、视觉传达设计、环境设计与制作的高级复合型设计人才。毕业生以其特有的自然科学、社会科学和人文科学相关学科交叉的知识结构,及熟练地运用计算机进行产品及产品造型设计、视觉传达设计、环境设计和计算机动画设计与制作的能力,深受社会各界的热烈欢迎,也满足了高等院校、电视台、国内外的独资或中外合资企业的迫切需求。毕业生可到电视台、电子、通信、家电、汽车等领域的大型独资或中外合资企业、高等院校、研究院所等单位从事研究与产品设计开发、企业发展策划、广告、教育、计算机动画及各类图形的电脑设计与制作等工作。本方向主干课程有:效果图、计算机辅助工业设计、工业设计概论、技术产品化设计、概念产品设计、工业设计中的信息技术等。

数字媒体设计(Digital Media Design)方向是计算机技术飞速发展所产生的交叉学科。一切建筑在计算机技术基础上的传播都是数字传播。随着计算机技术的发展,数字媒体将成为信息传播的主流形式,社会对数字媒体设计人才的需求日益迫切。本方向培养基础扎实、知识面广,能适应 21 世纪计算机技术发展所急需的既具有计算机软硬件知识与能力、又具有设计知识与能力的高级数字媒体设计人才。毕业生能从事整个数字媒体领域的设计工作,他们将是我国数字媒体领域的第一代高级设计人员。毕业后,可在电子信息领域的公司、国家机关、高等院校、电视台、电影厂计算机特技部门及各类大中型企业等就业。本方向主干课程有:工业设计概论、网络技术基础、数字媒体设计、媒体编排设计、多媒体技术等。

major of industrial design goals:

To cultivate inter-disciplinary talents with solid foundation and wide range of knowledge, who will be able to conduct creative work that meets the need of the 21st century, such as new product design and development, shape design of products, visual communication design, environment design and implementation, digital media design.

(2) 功能区中依次单击"文件"→"另存为"命令,单击或快速访问工具栏中的"保存"按钮,出现"另存为"对话框,选定文档保存位置,在"文件名"文本框中输入文件名"专业介绍",在"保存类型"下拉列表中选择文件类型"Word 文档(*.docx)",单击"保存"按钮保存文件。功能区中依次单击"文件"→"退出"命令,关闭 Word 文档。

步骤2 编辑文档。打开已建立的"专业介绍"文档,在文本的最前面插入标题"工业设计专业介绍",并把标题格式设置为"居中、小初、华文彩云、蓝色渐变填充"。操作方法如下:

（1）插入标题：将光标定位在文字最前面，按 Enter 键出现一空行，然后输入"工业设计专业介绍"。

（2）设置标题格式：选中标题，在功能区中切换到"开始"选项卡，在"字体"组中选择字体为"华文云彩"，选择字号为"小初"，单击"文本效果"命令 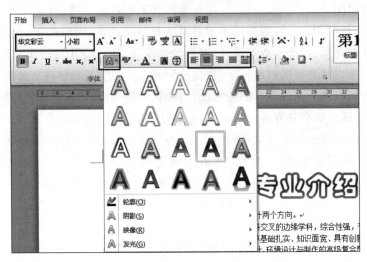，在下拉列表中单击"渐变填充-蓝色，强调文字颜色 1"；在"段落"组中单击"居中"命令，如图 3.10 所示。

图 3.10　功能区"开始"选项卡中格式设置

步骤 3　设置底纹和页边框。给"工业设计专业分为工业设计和数字媒体设计两个方向"文字加黄色底纹，设置页边框为"宽 22 磅艺术型"。操作方法如下：

（1）添加底纹：选中"工业设计专业分为工业设计和数字媒体设计两个方向"文字，在功能区"开始"选项卡的"段落"组中单击"底纹"命令右侧下拉按钮，单击"黄色"，如图 3.11 所示。

（2）添加"页面边框"：功能区中切换到"页面布局"选项卡，在"页面背景"组中单击"页面边框"命令，弹出"边框和底纹"对话框，如图 3.12 所示。在"页面边框"选项卡的"艺术型"下拉列表框中选择样图所示的艺术样式；在"宽度"栏中设定为"22 磅"，如图 3.12 所示。

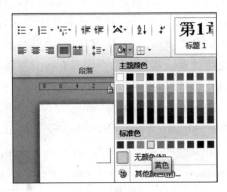

图 3.11　功能区"开始"选项卡中设置底纹

步骤 4　查找替换。将文中的英文单词"major of industrial design goals;"改成首字母大写、1.5 磅红色阴影边框，把第二、三段中的英文内容标记成蓝色并加着重号。操作方法如下：

（1）设置首字母大写：选中要修改的英文单词"major of industrial design goals;"，功能区中切换到"开始"选项卡，在"字体"组中单击"更改大小写"命令，在下拉菜单中单击"每个单词首字母大写"命令，如 3.13 所示。

———— 大学计算机应用基础实验教程(第 3 版)

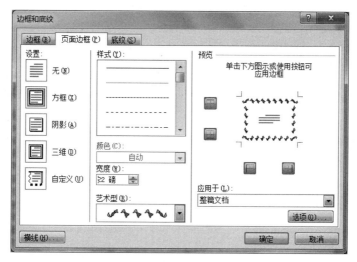

图 3.12 "边框和底纹"对话框

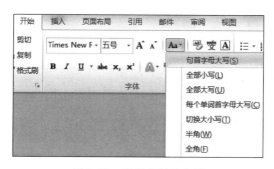

图 3.13 设置首字母大写

（2）文字添加边框：选中要修改的英文单词"major of industrial design goals："，单击功能区"开始"选项卡"段落"组中"边框和底纹"命令右侧下拉按钮▼，在下拉菜单中单击"边框和底纹"命令，弹出"边框和底纹"对话框，在"边框"选项卡左栏单击"阴影"选项；在中间栏"颜色"下拉列表框中选择"红色"，"宽度"下拉列表框中选择"1.5"磅，在右栏"应用于"下拉列表框中选择"文字"，如图 3.14 所示。

（3）更改英文内容字体颜色并加着重号：当要设置格式的内容散落在文章的不同处，若内容具有文本规律（如本例为英文）可寻，可通过替换功能一次性完成设置。本例操作如下：

选中第二、三段文字，单击功能区"开始"选项卡"编辑"组中"替换"命令，弹出"查找和替换"对话框，如图 3.15 所示。将光标定位在"查找内容"文本框，单击"特殊格式"按钮，选择"任意字母"命令，在"查找内容"文本框中出现"^ $"符号，表示任意字母。然后将光标定位在"替换为"文本框，单击"格式"按钮，选择"字体"命令，出现"替换字体"对话框。在"着重号"下拉列表框中选择"·"，在"字体颜色"下拉列表框中选择"蓝色"，单击"确定"按钮，返回到"查找和替换"对话框，设置如图 3.15 所示。单击"全部替换"按钮，出现"是否搜索文档其余部分？"提示，选择"否"，完成第二、三段文字中英文内容的格式设置。

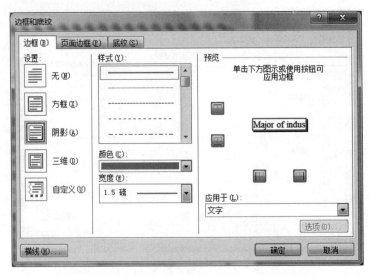

图 3.14 "边框和底纹"对话框中设置文字边框

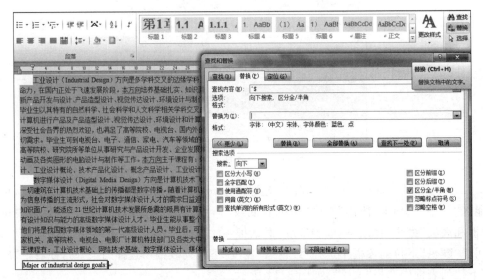

图 3.15 "替换"方式批量设置格式

若"查找和替换"对话框中未找到"特殊格式"按钮,可单击对话框左侧"更多(M)>>"按钮,展开得到更多设置选项。

步骤 5 段修饰。在第二、三段之间添加一条虚线;每段均分成两栏,含分隔线;段首字下沉两行。操作方法如下:

(1)添加虚线:光标定位到第三段开始,按 Enter 键,配合空格键插入一空行。选中该空行,单击功能区"开始"选项卡"字体"组中"下划线"命令右侧下拉按钮▾,在下拉列表中选择一种虚线,如图 3.16 所示。

(2)设置分栏:选中正文第二段文字,功能区切换到"页面布局"选项卡,单击"页面设置"组中"分栏"命令,在下拉列表中单击"更多分栏(C)..."命令,弹出"分栏"对话框,单击"两栏"选项,选中"分隔线",设置如图 3.17 所示。单击"确定"按钮完成分栏。用同样的方法对第三段文字进行分栏。

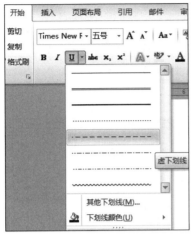

图 3.16　添加下划线

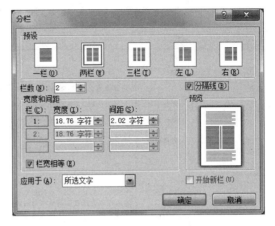

图 3.17　"分栏"对话框

（3）设首字下沉：将光标定位到需首字下沉的段落处,功能区中切换到"插入"选项卡,单击"文本"组中"首字下沉"命令,在下拉列表中单击"首字下沉选项(D)…"命令,弹出"首字下沉"对话框,单击"下沉"选项,在"下沉行数"数值框中输入"2",如图 3.18 所示。

所有设置完成后,单击快速访问工具栏中的"保存"按钮,或功能区中依次单击"文件"→"保存"命令,以"专业介绍.docx"为名保存文件。

图 3.18　"首字下沉"对话框

实验 3.2　表 格 设 计

利用自行绘制表格方法和 Word 自带的命令插入表格方法,设计完成一个个人简历表和一个日常开支表。通过实验使学生掌握创建表格、编辑表格、设置表格格式、设置表格边框与底纹、拆分和合并单元格、拆分和合并表格、绘制斜线表头、设置表格属性、表格内数据的排序与计算等知识。

任务 3.2.1　个人简历表的设计

任务描述

启动 Word 2010,在 A4 纸上绘制如图 3.19 所示表格。调整相应的行高和列宽,设置第 1～5 行行高为 0.8 厘米。输入相应的内容,表格中的文字对齐方式如图 3.19 所示设置,将各栏目名称的格式设为"宋体、加粗、五号字",栏目内容格式设为"楷体、常规、五号字"。整张表在 A4 纸上居中,结果以"个人简历.docx"为文件名保存在自己的文件夹中。

个人简历

姓　　名	张鸿远	性　　别	男	出生年月	1982.2	
籍　　贯	山东	民　　族	汉	身　　高	1.72 米	
专　　业	计算机应用	健康情况	良好	政治面貌	党员	照片
毕业学校	中国某某学院			学历学位	本科、学士	
通信地址	中国某某学院			邮政编码	310012	
教育情况	1994.9——2000.7　　山东第一中学 2000.9——现在　　中国某某学院计算机系					
专业特长	熟练地应用 Windows 系列和 Linux 系列的各种操作系统 能熟练地进行常用局域网的组建与维护以及 Internet 的接入、调试与维护 通过了国家计算机等级考试程序员证书					
工作经历	2001—2002 学年暑假参加了电子公司的局域网组建与维护 2003 年 7 月参与了本学院校园网建设的一期工程					
联系方式	手机: 12345678890 电子邮件: ffggggg@asdaas.edu.cn					

图 3.19　"个人简历表"样式

操作步骤

步骤 1　绘制表格。启动 Word 2010,在 A4 纸上绘制样式表格。调整相应的行高列宽,设置第 1～5 行行高为 0.8 厘米,整张表在 A4 纸中居中。操作方法如下:

(1) 打开 Word 2010,在功能区中切换到"页面布局"选项卡,单击"页面设置"组中"纸张大小"命令,下拉菜单中单击"A4"命令,将文档页面大小设为 A4 纸标准。

(2) 输入标题"个人简历",另起一行。在功能区中切换到"插入"选项卡,单击"表格"组中"表格"命令,在下拉列表中单击"绘制表格(D)"命令,鼠标变成笔的形状。在标题下方按住鼠标左键从左上向右下拖动,至大致铺满页面时放开鼠标。此时工作区出表格外框,功能区自动切换到"表格工具",如图 3.20 所示。

(3) 按住鼠标左键在表格中自左向右拖动绘制行线,自上向下拖动绘制列线。对于多余的线条,可通过单击"表格工具"中"设计"选项卡的"擦除"命令,使鼠标变成橡皮状,然后单击不需要的线条将其删除。最终生成如图 3.21 所示的表格。

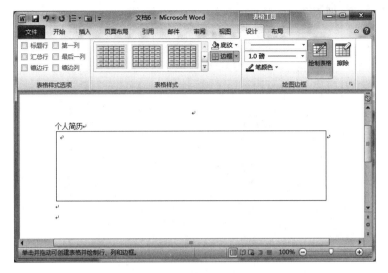

图 3.20　绘制表格窗口

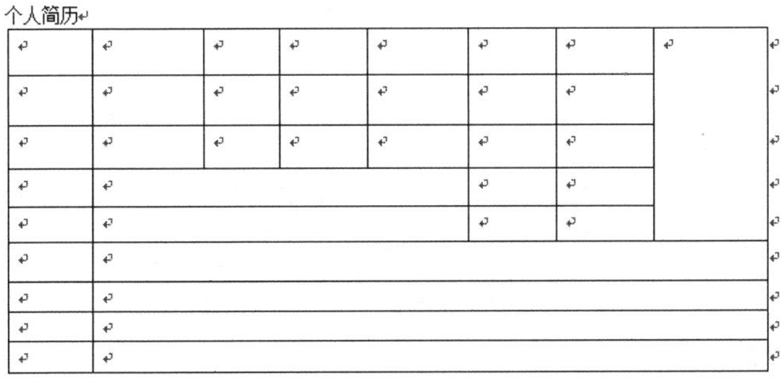

个人简历

图 3.21　表格框架

（4）取消"表格工具"的"设计"选项卡中"绘制表格"、"擦除"按钮的选中状态,使鼠标恢复指针状态。选中表格第 1～5 行,将"表格"工具切换到"布局"选项卡,在"单元格大小"组中将"高度"设为"0.8 厘米",如图 3.22 所示,按 Enter 键确认输入。

图 3.22　精确设置行高、列宽

（5）对于其他行列,将鼠标置于表格线条上,当出现双向箭头时,可按住左键拖动以调整行高、列宽。调整后的表格效果如图 3.19 所示。

（6）选中整张表格,在"表格工具"的"布局"选项卡中单击"表"组的"属性"命令,出现"表格属性"对话框。在"表格"选项卡中,找到"对齐方式"选项,单击"居中"项设置表格在页面中的居中位置,如图 3.23 所示。

图 3.23　"表格属性"对话框

步骤 2　编辑和设置表格内容。输入相应的内容,表格中的文字全部居中对齐。设置栏目名称的样式为"宋体、加粗、五号字",其他为"楷体、常规、五号字"。设置"个人简历"标题居中,大小为"小一号字"。把该表格以"个人简历.doc"为文件名保存在自己的文件夹中。操作方法如下:

(1) 根据图 3.19 所示样表,将文字内容填入相应的单元格中。单击表格左上角的全选图标选中整个表格,在"表格工具"的"布局"选项卡中单击"对齐方式"命令组中的"水平居中"命令 ，使表格中的文字自动居中对齐,如图 3.24 所示。

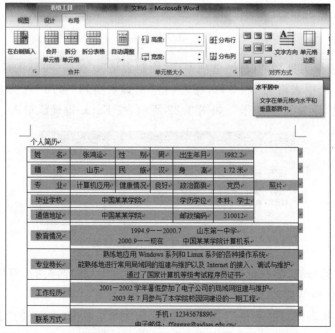

图 3.24　表中文字居中对齐

大学计算机应用基础实验教程(第 3 版)

重新选中"教育情况"、"专业特长"、"工作经历"、"联系方式"栏目对应的内容,将其设为"左对齐"。

（2）选中整个表格,在功能区的"开始"选项卡中设置文字的格式为"宋体、加粗、五号"。

（3）选中任一栏目内容文字,如"张鸿运",将其设为"楷体、常规、五号"。保持该文字选中状态,在功能区的"开始"选项卡中双击"格式刷"命令,鼠标变成刷子状,依次在其他栏目内容上拖放鼠标,将表中除栏目名以外的其他文字格式复制成"楷体、常规、五号",完成后再次单击"格式刷"命令结束格式复制,结果如图 3.25 所示。

图 3.25　表中文字格式

（4）选中"专业特长"和"工作经历"文字并右击,在弹出的快捷菜单中选择"文字方向"命令,出现"文字方向-表格单元格"对话框,如图 3.26 所示。在"方向"栏中选择"垂直竖排"样式,单击"确定"按钮。

（5）选中"个人简历"标题,在功能区"开始"选项卡中将其设为"宋体"、"小一号","居中"。

所有设置完成后,单击快速访问工具栏中的"保存"按钮,或功能区中依次单击"文件"→"保存"命令,以"个人简历.docx"为名保存文件。

图 3.26　"文字方向-表格单元格"对话框

任务 3.2.2　学生收支表的设计

任务描述

启动 Word 2010,在 A4 纸上绘制如图 3.27 所示学生收支表。调整相应的行高列宽,输入相应的内容,设置栏目名称的格式为"居中、宋体、加粗、五号字",其他为"宋体、常规、五号字",表格外边框为"双线、1.5磅",表格内边框为"单线、0.5磅",用公式计算"支出总额"和"收入总额",把该表格以"学生收支表.docx"为文件名保存在自己的文件夹中。

8 月份收支表(单位:元)				
收支项目 日期	支出项目	支出金额	收入项目	收入金额
8 月 10 日			生活费	1800
8 月 15 日	电费	30		
8 月 15 日	买书	450		
8 月 17 日	水费	15		
8 月 19 日			稿费	300
8 月 21 日	请客吃饭	245		
8 月 25 日	买日用品	230		
8 月 26 日			奖学金	200
统计	支出总额	970		
	收入总额	2300		

图 3.27 "学生收支表"样式

操作步骤

步骤 1 绘制表格,编辑表格。启动 Word 2010,在 A4 纸上绘制表格,调整相应的行高列宽,输入相应的内容,除第一个单元格外,其他文字在单元格中居中对齐。操作方法如下:

(1)创建表格:打开 Word 2010,在功能区中切换到"插入"选项卡,单击"表格"组中"表格"命令,在下拉菜单中直接用鼠标拖选单元格创建 5 列×5 行表格,如图 3.28 所示。

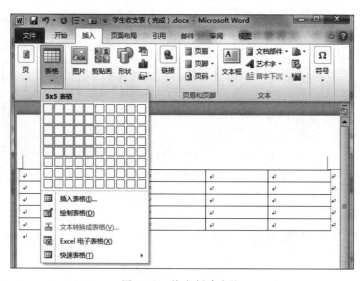

图 3.28 拖曳创建表格

选中表格,在"表格工具"的"布局"选项卡中单击"对齐方式"组中"水平居中"命令,使新录入的文本自动在单元格中居中对齐。

(2)制作如图 3.29 所示斜线表头,操作如下:

图 3.29　斜线表头

① 调整第一行表格高度,约为原行高的 2 至 3 倍,为绘制表头做准备。

② 单击表格任意位置,打开"表格工具",在其"设计"选项卡中单击"绘制表格"命令,进入绘制状态。鼠标在第一个单元格中从左上至右下拖画出一条斜线。完成后再次单击"绘制表格"命令,从绘制表格状态回到普通文本录入状态。

③ 在第一个单元格中分行输入"收支项目"和"日期",并使用功能区"开始"选项卡的段落对齐功能给这两段文字分别给予右对齐和左对齐设置。

(3)如图 3.30 所示输入表格内容。表格行数不够,需要增加行,则让输入光标位于表格最后的单元格,按 Tab 键即可增加一行。重复操作,直到满足为止。

收支项目　日期	支出项目	支出金额	收入项目	收入金额
8 月 10 日			生活费	1800
8 月 15 日	电费	30		
8 月 15 日	买书	450		
8 月 17 日	水费	15		
8 月 19 日			稿费	300
8 月 21 日	请客吃饭	245		
8 月 25 日	买日用品	230		
8 月 26 日			奖学金	200
统计	支出总额			
	收入总额			

图 3.30　表格内容录入示例

(4)合并单元格:选中"统计"文字所在单元格及其下面的单元格,在"表格工具"的"布局"选项卡中,单击"合并"组中的"合并单元格"命令,将两个单元格合并为一个单元格。同样的方法合并"支出总额"、"收入总额"后面的单元格。结果如图 3.31 所示。

(5)给表格添加表名:将光标定位在第二行任意单元格处,在"表格工具"的"布局"选项卡中,单击"行和列"组中的"在上方插入"命令,在该行上方添加新的一行。选中新增加的行,按住鼠标左键将其拖动到第一行第一单元格处,释放鼠标,则新增行移动到第一行之上。合并单元格,输入表名——"8 月份收支表(单位:元)"。

步骤 2　修饰表格。设置表格外边框样式为"双线、1.5 磅",表格内边框为"单线、0.5 磅"。操作方法如下:

(1)选中整张表,在"表格工具"的"设计"选项卡中,单击"绘图边框"组中"笔样式"命令右侧下拉按钮,在下拉列表中单击"双线线型",如图 3.32 所示。

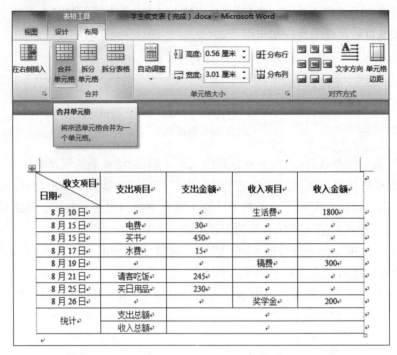

图 3.31　合并单元格

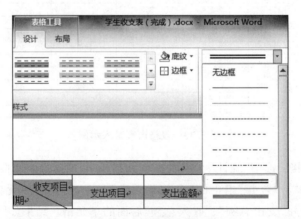

图 3.32　选择外框线型

　　（2）单击"表格样式"组中的"边框"命令右侧的下拉按钮，在下拉菜单中单击"外侧框线"命令，给表格加上 1.5 磅双线外框，如图 3.33 所示。Word 表格边框设置默认值为"单线、0.5 磅"，故内部边框线无需再设格式。

　　步骤 3　公式计算。用公式计算"支出总额"和"收入总额"，把该表格以"学生收支表.docx"为文件名保存在自己的文件夹中。操作方法如下：

　　（1）将光标移到"支出总额"旁边的空白单元格中，在"表格工具"的"布局"选项卡中，单击"数据"组中"公式"命令，出现"公式"对话框。在"公式"栏中"SUM"函数的括号内输入"C3:C10"，如图 3.34 所示，单击"确定"按钮，计算"支出总额"。

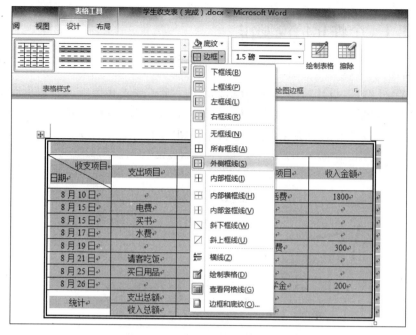

图 3.33　为表格添加双线外框

图 3.34　"公式"对话框

（2）将光标移到"收入总额"旁边的空白单元格中，在"表格工具"的"布局"选项卡中，单击"数据"组中"公式"命令，出现"公式"对话框。在"公式"栏中"SUM"函数的括号内输入"E3：E10"，单击"确定"按钮，计算"收入总额"。

所有设置完成后，单击快速访问工具栏中的"保存"按钮，或功能区中依次单击"文件"→"保存"命令，以"学生收支表.docx"为名保存文件。

实验 3.3　图 文 混 排

实验目的：通过完成两个任务，使学生掌握插入图片、编辑图片、绘制图片、制作艺术字、使用文本框、插入页眉和页脚、图文混排、页面排版、多个文档的编辑等知识。

任务 3.3.1　个性化信笺制作

任务描述

启动 Word 2010，设计如图 3.35 所示信纸的版式：要求在信纸的页眉上有适当的图案和文字，在信纸的页脚居中位置有页码，信纸页面有底纹。将"自荐书.docx"文件中的所有内容复制到设计好的个性化信笺纸上，保存到"个性化信笺.docx"文件中。

图 3.35　个性化信笺样式

操作步骤

步骤 1　新建并保存文件。在自己的文件夹中新建文件，以"个性化信笺.docx"为名加以保存。操作方法如下：

打开 Word2010，单击快速访问工具栏中的"保存"按钮，或功能区中依次单击"文件"→"保存"命令，以"个性化信笺.docx"为名保存文件。

步骤 2　设计页眉：在信纸的页眉上加上适当的图案和文字。

（1）进入页眉编辑状态：在功能区中切换到"插入"选项卡，在"页眉和页脚"组中单击"页眉"命令，在下拉列表中选择一种页眉样式，如"空白"，单击之进入"页眉编辑状态"，同时系统自动打开"页眉和页脚工具"，如图3.36所示。

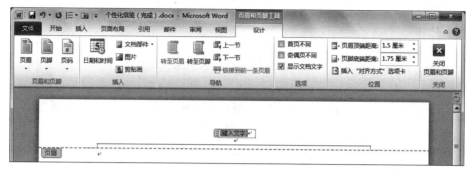

图3.36　"页眉和页脚"编辑状态

（2）输入页眉文字：在页面上方"输入文字"提示处输入文字"我的个性化信笺纸…………………"

（3）在页眉中插入图片：将光标定位于页眉文字之前，在"页眉和页脚工具"的"插入"组中单击"剪贴画"命令，工作区右边出现"剪贴画"任务窗格，如图3.37所示。

（4）在该任务窗格中，单击"结果类型"下拉按钮，在展开的下拉列表中勾选"插图"、"照片"，单击"搜索"按钮，候选图片在下拉列表中列出，单击需要的图片，使其插入页眉。拖动图片四周控制点，调节图片大小至合适尺寸，结果如图3.38所示。

（5）改变页眉下划线风格：选中页眉处所有图文，功能区切换到"开始"选项卡，单击"段落"组中"边框"命令的下拉按钮，单击"边框和底纹"命令，如图3.39所示，出现"边框和底纹"对话框。在该对话框中先选择一种线型，然后指定颜色和宽度，再两次单击预览区中下划线按钮，确定下划线风格，如图3.40所示。单击"确定"按钮更新下划线样式。

（6）单击"页眉和页脚工具"中"关闭"按钮，退出页眉编辑状态。

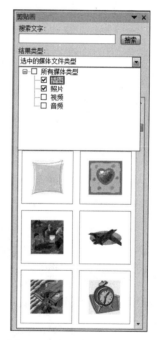

图3.37　"剪贴画"任务窗格

步骤3　制作页脚。页脚居中位置插入特定格式页码，操作方法如下：

（1）功能区切换到"插入"选项卡，在"页眉和页脚"组中单击"页码"命令，在出现的下拉列表中依次单击"页面底端"→"普通数字2"命令，在页脚处插入居中页码。

（2）在"页眉和页脚工具"的"页眉和页脚"组中单击"页码"命令，在下拉菜单中单击"设置页码格式（F）…"命令，打开"页码格式"对话框。在"编号格式"下拉列表框中选择

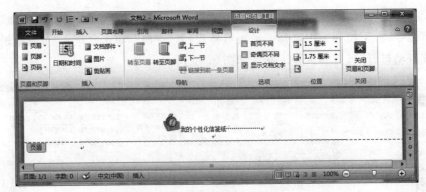

图 3.38　带插图的页眉

图 3.39　"开始"功能区中使用"边框和底纹"命令

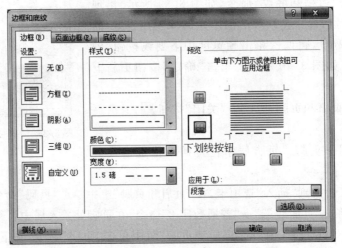

图 3.40　"边框和底纹"对话框中设置下划线

大学计算机应用基础实验教程(第3版)

"壹，貳，叁…"，在"页码编号"中选择"起始页码"，如图3.41所示。单击"确定"按钮插入页码。

（3）单击"页眉和页脚工具"中"关闭"按钮 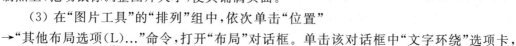，退出页脚编辑状态。

步骤4　制作页面的底纹，并保存。操作方法如下：

（1）在"剪贴画"任务窗格"搜索文字"栏输入"背景"二字，单击"搜索"按钮，查找"剪辑库"中主题为"背景"的图片。单击搜索结果中所需背景图片插入。

（2）选中插入的图片，将鼠标放在图片任一角的控制点上，拖动鼠标调整图片大小，使其铺满页面。

图3.41　"页码格式"对话框

（3）在"图片工具"的"排列"组中，依次单击"位置"→"其他布局选项(L)…"命令，打开"布局"对话框。单击该对话框中"文字环绕"选项卡，环绕方式选择"衬于文字下方"，如图3.42所示。单击"确定"按钮使图片成为页面底纹。

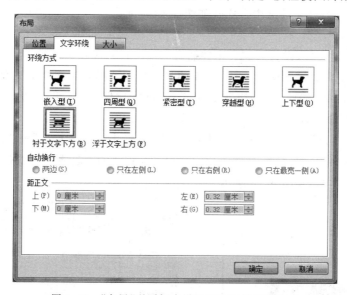

图3.42　"布局"对话框中设置图文混排环绕方式

至此，已设计好一个空白的"个性化信笺"纸。单击"快速访问工具栏"的"保存"按钮，保存文件。

步骤5　编辑信笺文本。把"自荐书.docx"文件中的所有内容复制到设计好的"个性化信笺"上面，并保存到"个性化信笺.docx"文件中。操作方法如下：

（1）打开"自荐书.docx"，按 Ctrl＋A 键，全选文字内容；按 Ctrl＋C 键复制选中内容。

（2）打开"个性化信笺.docx"，功能区切换到"开始"选项卡，单击"剪贴板"组中"粘贴"命令下小三角按钮，选择第一种"保留源格式"粘贴选项，如图3.43所示，将"自荐书.docx"内容复制到

图3.43　"保留源格式"的粘贴

"个性化信笺.docx"文件中。拖动调整背景图,使达到满意效果。

(3)单击"快速访问工具栏"的"保存"按钮,保存最终文件。

任务 3.3.2 贺卡的设计制作

任务描述

制作感恩节贺卡。准备一张合适的图片,放在自己的文件夹中,图片也可从"大学计算机基础教学网站"上下载得到。设置 Word 纸张页面大小 16 开,页边距为上、下 2.54 厘米,左、右 1.91 厘米。将准备好的图片插入到文档居中位置,调整图片至满意大小;给图片套用白色旋转边框样式,边框线条粗细为"10 磅";调整图片的"亮度"为 19%,"对比度"为 15%。通过插入艺术字在卡片中添加文字,其中艺术字的样式设置为"华文琥珀、小初",文字效果为"外发光、紧密映像",并以竖排的形式置于图片右方。用文本框输入祝词文本,文字样式为"小四、幼园、加粗、白色",置于卡片下方适当位置。结果以"贺卡.docx"为名保存到自己文件夹中。样式如图 3.44 所示。

操作步骤

步骤 1 创建文件,设置页面大小并插入图片。打开 Word 2010,将页面大小设为 16 开;页边距为上、下 2.54 厘米,左、右 1.91 厘米。将图片插入到文档中。操作方法如下:

(1)打开 Word 2010,单击快速访问工具栏中的"保存"按钮,或功能区中依次单击"文件"→"保存"命令,以"贺卡.docx"为名保存文件。

(2)功能区切换到"页面布局"选项卡,依次单击"纸张大小"→"其他页面大小(A)…"命令,弹出"页面设置"对话框,并自动定位在"纸张"选项卡,"纸张大小"选择"16开(18.4×26 厘米)",如图 3.45 所示。

图 3.44 贺卡样式

图 3.45 "页面设置"对话框中设置纸张大小

大学计算机应用基础实验教程(第 3 版)

（3）在功能区的"页面布局"选项卡，单击"页边距"命令，在下拉列表中选择"适中"，设置页边距为上、下 2.54 厘米，左、右 1.91 厘米。

（4）功能区中切换到"插入"选项卡，单击"插图"组中"图片"命令，出现"插入图片"对话框，如图 3.46 所示。指定图片在计算机上的存放位置，单击"插入"按钮，插入图片。

图 3.46 "插入图片"对话框

步骤 2 设置图片。将准备好的图片插入到文档居中位置，调整图片至满意大小；给图片套用白色旋转边框样式，边框线条粗细为"10 磅"；调整图片的"亮度"为 19％，"对比度"为 15％。操作方法如下：

（1）选中插入的图片，按住 Shift 键，同时鼠标拖动图片右下角控制点，按比例缩放图片至满意大小。

（2）设置图片大小和位置，操作如下：

① 右击图片，在弹出的快捷菜单中单击"大小和位置(Z)…"命令，弹出"布局"对话框，如图 3.47 所示。保持"锁定纵横比"选项被勾选，设置图片高度为 16 厘米。

② 在"布局"对话框中单击"文字环绕"选项卡，"环绕方式"选择"四周型"。

③ 在"布局"对话框中单击"位置"选项卡，在"水平"项中单击"对齐方式"选项，单击右侧下拉按钮，选择"居中"，垂直对齐方式也照此设为"居中"，如图 3.48 所示。

④ 单击"确定"按钮，完成图片大小调整，并置于页面居中位置。

（3）修饰图片。给图片套用白色旋转边框样式，边框线条粗细为"10 磅"；调整图片的"亮度"为 19％，"对比度"为 15％，操作如下：

① 单击"图片工具"中"图片样式"右侧▼按钮，在下拉列表中单击"白色旋转边框"，给图片套用该样式，如图 3.49 所示。

② 单击"图片样式"右侧"图片边框"命令，在下拉菜单中依次单击"粗细"→"其他线条"命令，打开"设置图片格式"对话框，如图 3.50 所示，将线型宽度设为"10 磅"。

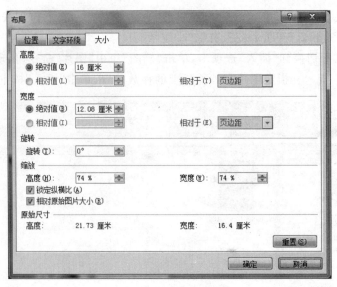

图 3.47 "布局"对话框

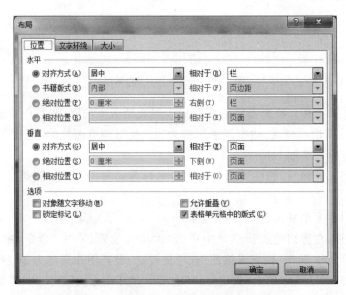

图 3.48 "布局"对话框中设置对象居中

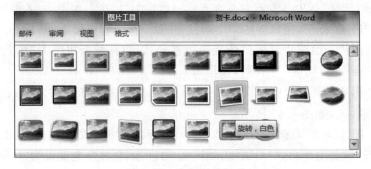

图 3.49 套用图片样式

大学计算机应用基础实验教程(第3版)

图 3.50 "设置图片格式"对话框中设置边框线宽

（4）在"设置图片格式"对话框中切换到"图片更正"项，在"亮度"数值框中输入19％，在"对比度"数值框中输入15％，如图3.51所示。

步骤4　添加艺术字。艺术字的样式设置为"华文琥珀、小初"，文字效果为"外发光、紧密映像"，并以竖排的形式置于图片右方。操作方法如下：

（1）功能区中切换到"插入"选项卡，单击"文本"组中"艺术字"命令，在下拉列表中选择一种艺术字样式，如图3.52所示。

图 3.51　"设置图片格式"对话框中设置图片亮度和对比度

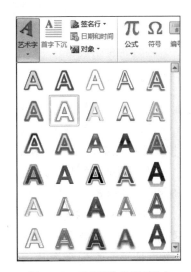

图 3.52　选择"艺术字"样式

（2）在弹出的提示框中输入文字内容，如"感恩的心 感谢有你"。选中输入的文字，功能区中切换到"开始"选项卡，将艺术字字体字号设为"华文琥珀、小初"。

（3）单击"绘图工具"中"格式"选项卡,在"艺术字样式"组中单击"文本效果"命令,在下拉菜单中单击"映像"命令,并选择"紧密映像"效果,如图3.53所示。同样的方式,给艺术字添加一种发光效果。

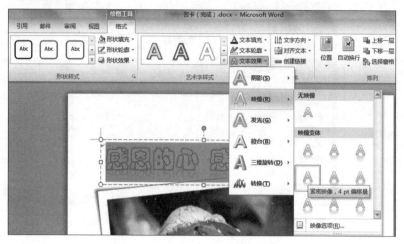

图3.53　设置艺术字文字效果

（4）鼠标左键拖动艺术字上方旋转控制点,如图3.54所示,旋转艺术字使其长边与图片左右边缘基本平行。

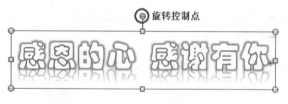

图3.54　艺术字上旋转控制

（5）在"绘图工具"的"文本"组中单击"文字方向"命令,在下拉菜单中单击"将中文字符旋转270°"命令,如图3.55所示,使艺术字文字竖排。

（6）单击艺术字,调整鼠标位置,当光标呈现为十字箭头时,按住左键拖动艺术字至图片内部右侧位置。

步骤5　用文本框输入祝词文本,文字样式为"小四、幼园、加粗、白色",置于卡片下方适当位置。操作如下:

（1）功能区中切换到"插入"选项卡,单击"文本"组中"文本框"命令,选择一种文本框插入文档。在文本框中添加祝福语。然后拖动文本框至图片内部下方位置,并适当旋转一定角度,使文字与图片底边平行。

（2）右击文本框边线,在快捷菜单中单击"设置形状格式(O)…"命令,打开"设置形状格式"对话框,如图3.56所示。单击左栏"填充",在右栏选项中选择"无填充";单击左栏"线"

图3.55　更改艺术字方向

　　　　　　大学计算机应用基础实验教程(第3版)

图 3.56 "设置形状格式"对话框

条颜色,在右栏选项中选择"无线条"。

(3) 选中文本框内文字,使用功能区"开始"选项卡中"字体"、"段落"组命令,将文字样式设为"小四、幼园、加粗、白色"。

所有设置完成后,单击快速访问工具栏中的"保存"按钮,保存文件。

实验 3.4 目录、版式的排版

结合前面所学的知识,通过实验使学生掌握文章及长文档的页面排版、文档结构、标题级别、文档排版、设置脚注尾注、自动生成目录、版式、修订功能等知识。

任务 3.4.1 科技文章的排版

任务描述

用自己熟悉的输入方法输入范文内容,或从"大学计算机基础教学网站"下载本文资料,然后以"科技文章.docx"为文件名保存在自己的文件夹中。文稿要求用计算机打印在 A4(297×210)纸上,文稿必须包括中英文题名、作者姓名、作者单位、中英文摘要和关键词、中图法分类号、正文、参考文献。论文章节编号采用三级标题顶格排序。一级标题形如 1,2,3…排序,二级标题形如 1.1,1.2,…,2.1,2.2,…排序,引言不排序。参考文献作者署名,不多于三人全部著录,超过三人,第三人后加"等"(etal)。无论中英文署名,一律姓先名后。参考文献著录方法及书写规范如下:

① 期刊或杂志:[序号] 文章作者名 1,名 2,名 3,等. 文章名 [J]. 杂志名,年,卷(期):起止页码。

② 书或专著：[序号] 著者名. 书名[M]. 出版社所在城市名：出版社名，出版年：起止页码。

③ 论文集：[序号] 文章作者名. 文章名 [A]. 论文集编者. 文集名[C]. 出版地所在城市名：出版社名，出版年：起止页码。

参考文献的样式如图 3.57 所示。

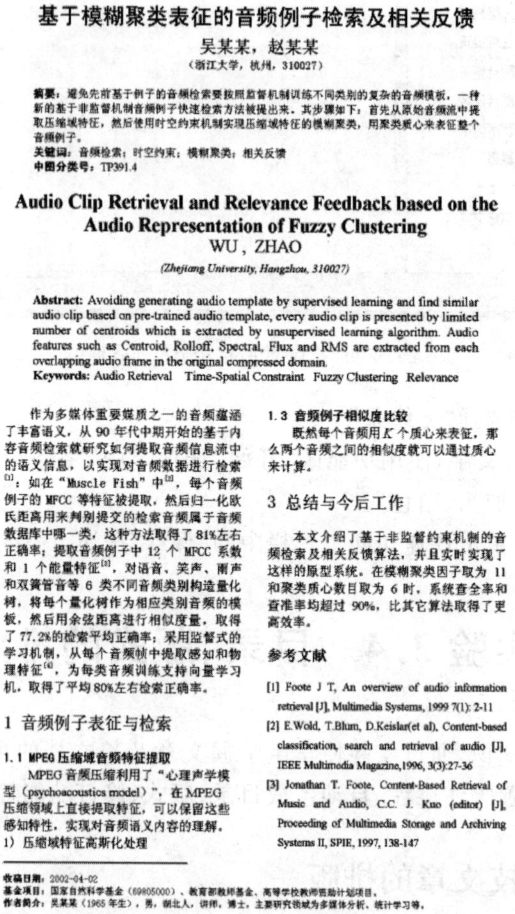

基于模糊聚类表征的音频例子检索及相关反馈

吴某某，赵某某

(浙江大学，杭州，310027)

摘要： 避免先前基于例子的音频检索要按照监督机制训练不同类别的复杂的音频模板，一种新的基于非监督机制音频制音频例子快速检索方法被提出来。其步骤如下：首先从原始音频流中提取压缩域特征，然后使用时空的束机制实现压缩域特征的模糊聚类，用聚类质心来表征整个音频例子。

关键词： 音频检索；时空约束；模糊聚类；相关反馈

中图分类号： TP391.4

Audio Clip Retrieval and Relevance Feedback based on the Audio Representation of Fuzzy Clustering

WU，ZHAO

(Zhejiang University, Hangzhou, 310027)

Abstract: Avoiding generating audio template by supervised learning and find similar audio clip based on pre-trained audio template, every audio clip is presented by limited number of centroids which is extracted by unsupervised learning algorithm. Audio features such as Centroid, Rolloff, Spectral, Flux and RMS are extracted from each overlapping audio frame in the original compressed domain.

Keywords: Audio Retrieval Time-Spatial Constraint Fuzzy Clustering Relevance

作为多媒体重要媒质之一的音频蕴涵了丰富语义，从 90 年代中期开始的基于内容音频检索就研究如何提取音频信息流中的语义信息，以实现对音频数据进行检索[1]；如在 "Muscle Fish" 中[2]，每个音频例子的 MFCC 等特征被提取，然后归一化欧氏距离用来判别提交的检索音频属于音频数据库中哪一类，这种方法取得了 81%左右正确率；提取音频例子中 12 个 MFCC 系数和 1 个能量特征[3]，对语音、笑声、雨声和双簧管音等 6 类不同音频类别构造量化树，将每个量化树作为相应类别音频的模板，然后用余弦距离进行相似度量，取得了 77.2%的检索平均正确率；采用监督式的学习机制，从每个音频帧中提取感知和物理特征[4]，为每类音频训练支持向量学习机，取得了平均 80%左右检索正确率。

1 音频例子表征与检索

1.1 MPEG 压缩域音频特征提取

MPEG 音频压缩利用了 "心理声学模型（psychoacoustics model）"，在 MPEG 压缩领域上直接提取特征，可以保留这些感知特性，实现对音频语义内容的理解。

1）压缩域特征高斯化处理

1.3 音频例子相似度比较

既然每个音频用 K 个质心来表征，那么两个音频之间的相似度就可以通过质心来计算。

3 总结与今后工作

本文介绍了基于非监督的束机制的音频检索及相关反馈算法，并且实时实现了这样的原型系统。在模糊聚类取为 11 和聚类质心个数目取为 6 时，系统查全率和查准率均超过 90%，比其它算法取得了更高效率。

参考文献

[1] Foote J T, An overview of audio information retrieval [J], Multimedia Systems, 1999 7(1): 2-11

[2] E.Wold, T.Blum, D.Keislar(et al), Content-based classification, search and retrieval of audio [J], IEEE Multimedia Magazine,1996, 3(3):27-36

[3] Jonathan T. Foote, Content-Based Retrieval of Music and Audio, C.C. J. Kuo (editor) [J], Proceeding of Multimedia Storage and Archiving Systems II, SPIE, 1997, 138-147

收稿日期：2002-04-02

基金项目：国家自然科学基金 (69805000)、教育部教师基金、高等学校教师资助计划项目。

作者简介：吴某某（1965年生），男，湖北人，讲师，博士，主要研究领域为多媒体分析、统计学习等。

图 3.57 科技文章样式

操作步骤

步骤 1 素材准备。打开 Word 2010，用自己熟悉的输入法输入范文中的文字。单击快速访问工具栏中的"保存"按钮，或功能区中依次选择"文件"→"保存"命令，以"科技文章.docx"为名保存文件。或从"大学计算机基础教学网站"下载本文资料。

步骤 2 修饰标题。大标题样式为"二号、黑体"；二级标题样式为"四号、宋体"；三级标题样式为"五号、黑体"；四级标题样式为"五号、楷体"。设置方法如前面实验。

步骤 3 修饰姓名、摘要等。姓名样式为"四号、仿宋"；单位样式为"小五、宋体"；"摘要、关键词、中图分类号、文献标识码、文章编号："样式为"小五、黑体、加粗"；摘要正文样式为"小五、宋体"；"关键词、中图分类号、文献标识码、文章编号"的正文样式为"小五、宋体";论文正文样式为"五号、宋体";设置方法如前面实验。

步骤 4　设置英文内容。英文标题样式为"三号、黑体";英文姓名字号为"四号";英文单位名称字体为"小五、斜体字";"Abstract"、"Keywords"样式为"五号、黑体";英文摘要、关键字正文字号为"五号"。设置方法如前面实验。

步骤 5　设置参考文献内容。"参考文献"中文字体为"小四、宋体、加粗",参考文献里面的内容字号为"小五"。设置方法如前面实验。

步骤 6　设置边距行距。中英文"摘要、关键词、中图分类号"内容段左右边距分别缩进 2 个字符。英文大标题段前段后间距为一行。二级标题的段前段后间距为一行。

步骤 7　制作首页页脚"收稿日期、基金项目、作者简介"。操作方法如下:

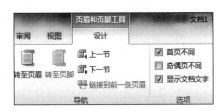

图 3.58　"页眉和页脚工具"
中设置"首页不同"

(1) 在功能区中切换到"插入"选项卡,在"页眉和页脚"组中单击"页脚"命令,在下拉菜单中单击"编辑页脚(E)"命令,进入页脚编辑区,同时系统自动打开"页眉和页脚工具"。在该工具的"选项"组中,勾选"首页不同"选项,如图 3.58 所示。将光标定于第一页的页脚处,输入页脚内容。

(2) 将光标页脚文字最前面,单击 Enter 键,插入一空行。切换到功能区的"插入"选项卡,单击"插图"组中"形状"命令,在下拉列表中单击"直线"线条,如图 3.59 所示。光标变成十字,按住 Shift 键和鼠标左键,在首页页脚空行处拖画出一段水平直线。若线条不为黑色,则选中该直线,单击"绘图工具"的"格式"选项卡,单击"形状样式"组中"形状轮廓"命令,在下拉颜色列表中选择"黑色",如图 3.60 所示。

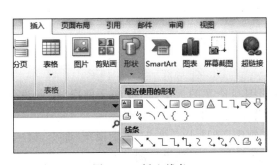

图 3.59　插入线条

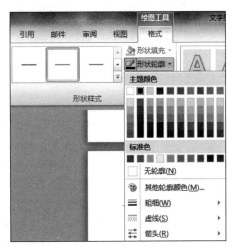

图 3.60　设置线条颜色

(3) 双击页面页脚区外任意位置,确认并退出页脚编辑。

步骤 8　单击"快速访问工具栏"的"保存"按钮,保存最终文件。

任务 3.4.2　毕业论文的排版

任务描述

用自己熟悉的输入方法输入范文内容,或从"大学计算机基础教学网站"下载本文资料,然后以"毕业论文.docx"为文件名保存在自己的文件夹中。使用大纲视图编写论文的大纲,输入和编辑论文正文,用样式功能按要求修饰论文,插入页码,创建论文目录,设计毕业论文的奇数页的页眉内容为论文名称,字体格式为"楷体、五号、居左",偶数页的页眉内容为作者信息,字体格式为"楷体、五号、居右",保存完成的文件。参见图 3.61 所示样式。

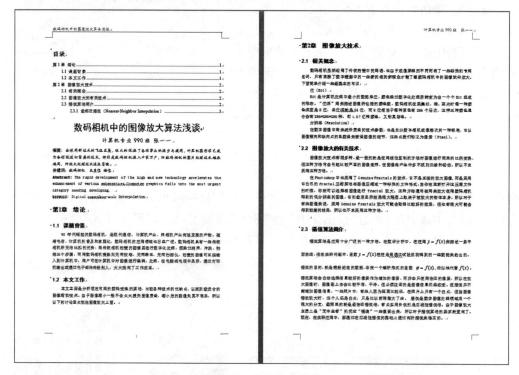

图 3.61　毕业论文样式

操作步骤

步骤 1　编辑论文大纲。使用大纲视图编写论文的大纲,完成的文件以"毕业论文.docx"为文件名保存到自己的文件夹中。操作方法如下:

(1) 打开 Word 2010,功能区中切换到"视图"选项卡。单击"大纲视图"命令,进入大纲视图编辑状态,大纲工具自动打开。输入如下章节名,结果如图 3.62 所示:

绪论

课题背景

本文工作

图像放大技术

相关概念

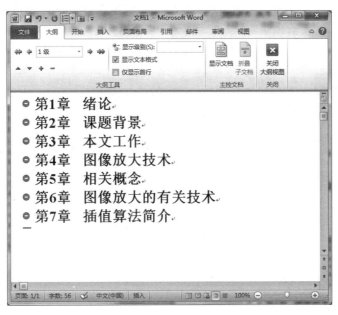

图 3.62　大纲视图

图像放大的有关技术

插值算法简介

（2）光标定位在二级标题名称首字前，如"课题背景"前。单击一次"大纲"选项卡中"降级"按钮 ，使"课题背景"降为二级标题。同样方式将"本文工作"、"相关概念"、"图像放大的有关技术"、"插值算法简介"降为二级标题，结果如图 3.63 所示。

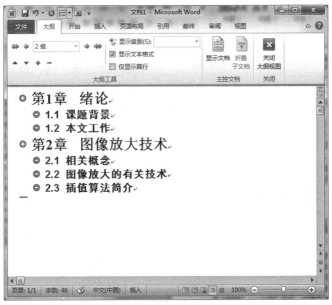

图 3.63　大纲级别

若从"大学计算机基础教学网站"下载文本资料,则在"毕业论文.docx"文档编辑窗口依次选择"视图"→"大纲视图"命令进入到大纲视图模式。选中第一个章节标题"第1章绪论",在"大纲工具"中设置其级别为"1级",如图 3.64 所示。

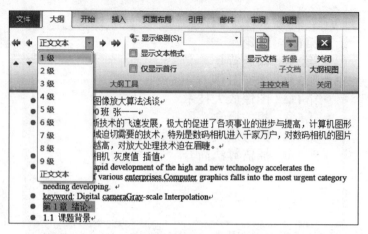

图 3.64 大纲视图中设置标题级别

同样的方法完成其他标题的级别设置。

(3) 单击快速访问工具栏中的"保存"按钮,或功能区中依次单击"文件"→"保存"命令,以"毕业论文.docx"为名保存文件。

步骤 2 输入和编辑论文正文。论文题目的样式为"居中、黑体、小二";作者信息的样式为"居中、楷体、四号";"摘要"、"关键词"的标题样式为黑体字,内容样式为楷体五号,正文样式为"宋体、五号",一级标题样式为"黑体、四号、左对齐",二级标题样式为"黑体、小四、左对齐",三级标题样式为"黑体、五号、左对齐",正文行间距为"单倍行距",一级标题的段前、段后间距为 0.5 行。输入页码,并保存。操作方法如下:

(1) 若文本资料从网站中下载,则进入(2)开始编辑阶段。否则单击"关闭大纲视图"按钮,回到页面视图模式。将光标定位在第一个标题"第1章 绪论"前,按 Enter 键,再将光标定位于第一行,输入论文的题目、班级、摘要、关键词等内容;在其他各章节标题后按Enter 键,输入对应的文本内容,如图 3.65 所示。

(2) 设置一级标题样式。操作如下:

① 在功能区中切换到"开始"选项卡,单击"样式"组右下角 按钮,打开"样式窗格",如图 3.66 所示。单击一级标题的文本,如"绪论",样式窗格中自动定位到该标题对应的样式——标题1,单击该样式右侧下拉按钮,选择"修改(M)..."命令,如图 3.67 所示,打开"修改样式"对话框,如图 3.68 所示。

② 单击左下角"格式"按钮,弹出"格式"下拉菜单,选择"字体"命令设置一级标题字体样式为"黑体、四号";单击"段落"命令,设置一级标题的对齐方式为"左对齐",段前、段后间距为"0.5 行"。

(3) 使用②的方法设置二、三级标题及正文样式,其中二级标题若存在悬挂缩进,则再将其值设为 0。

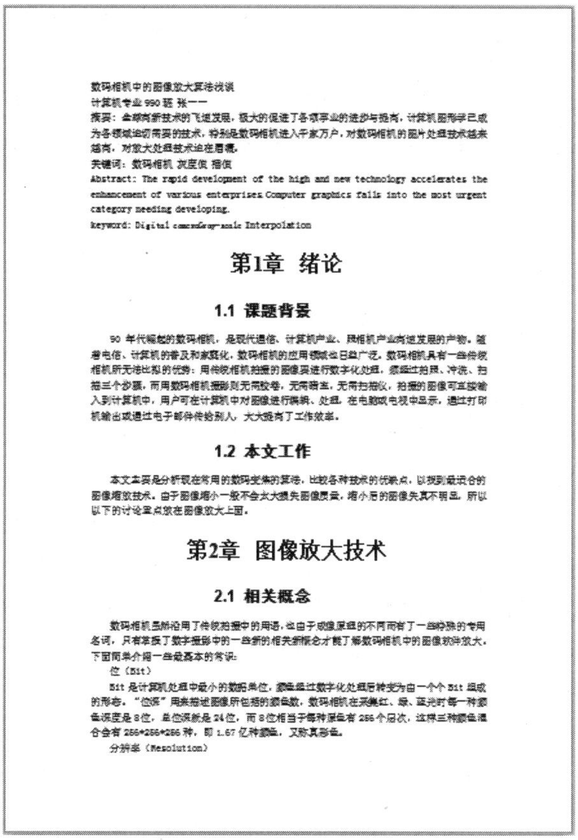

数码相机中的图像放大算法浅谈
计算机专业 990 班 张一一
摘要：全球高新技术的飞速发展，极大的促进了各项事业的进步与腾飞，计算机图形学已成为各领域迫切需要的技术，特别是数码相机进入千家万户，对数码相机的图片处理技术越来越随高，对放大处理技术也在昌潮。
关键词：数码相机，灰度值 插值
Abstract: The rapid development of the high and new technology accelerates the enhancement of various enterprises.Computer graphics falls into the most urgent category needing developing.
keyword: Digital camera,Gray-scale Interpolation

第1章 绪论

1.1 课题背景

90 年代编起的数码相机，是现代通信、计算机产业、具相机产业高速发展的产物。随着电信、计算机的普及和家庭化，数码相机的应用领域也日益广泛。数码相机具有一些传统相机所无法比拟的优势：用传统相机拍摄的图像要进行数字化处理，须经过拍摄、冲洗、扫描三个步骤，而用数码相机摄影则无需胶卷，无需暗室，无需扫描仪，拍摄的图像可直接输入到计算机中，用户可在计算机中对图像进行编码、处理。在电脑或电视中显示，通过打印机输出或通过电子邮件传给别人，大大提高了工作效率。

1.2 本文工作

本文主要分析现在常用的数码采集的算法，比较各种技术的优缺点，以找到最适合的图像增放技术。由于图像增小一般不会太大损失图像质量，增小后的图像失真不明显，所以以下的讨论重点就在图像放大上面。

第2章 图像放大技术

2.1 相关概念

数码相机虽然沿用了传统拍摄中的用语，但由于成像原理的不同而省了一些特殊的专用名词，只有掌握了数字摄影中的一些相关概念才能了解数码相机的图像软件放大。下面简单介绍一些最基本的考虑：
位（Bit）
Bit 是计算机处理中最小的数据单位，颜色是过数字化处理转变为由一个个 Bit 组成的形态，"位深"用来描述图像所包括的颜色数，数码相机在采集红、绿、蓝光时每一种颜色深度是 8 位，总色深就是 24 位，而 8 位相当于每种颜色 256 个层次，这样三种颜色混合合有 256*256*256 种，即 1.67 亿种颜色，又称真彩色。

分辨率（Resolution）

图 3.65 输入正文等其他文本后样式

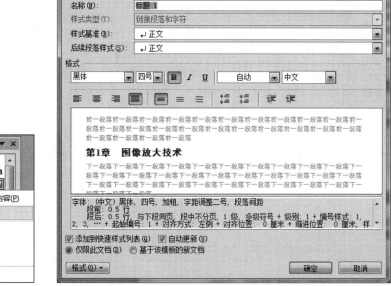

图 3.66 "样式"窗格

图 3.68 "修改样式"对话框

图 3.67 修改样式

（4）设置论文题目的样式为"居中、黑体、小二"；作者信息的样式为"居中、楷体、四号"；"摘要"、"关键词"的标题样式为黑体字，内容样式为"楷体、五号"。

（5）在页面底端面居中处插入页码：功能区中切换到"插入"选项卡，单击"页眉和页脚"组中"页码"命令，在下拉菜单中依次单击"页面底端"→"普通数字2"命令，插入页码。单击"关闭页眉和页脚"命令，退出页脚编辑状态。

（6）单击"快速访问工具栏"的"保存"按钮，保存当前编辑。

步骤4　建立目录和链接。抽取论文目录，目录与正文产生链接，并能自动更新，保存文件。操作方法如下：

（1）将光标定位在要建立目录的位置，如文章标题前，功能区切换到"引用"选项卡，在"目录"组中单击"目录"命令，在下拉列表中单击任意一种自动目录，即完成目录抽取，目录与正文就产生链接的关系，结果如图3.61所示。

（2）若因内容调整引起目录页码的变化，可单击目录中任意位置，在功能区"引用"选项卡的"目录"组中单击"更新目录"命令，弹出"更新目录"对话框，在其中选择"只更新页码"单选项，如图3.69所示。

步骤5　设计页眉。设计毕业论文的奇数页的页眉内容为论文名称，格式为"居左、楷体、五号"，偶数页的页眉内容为作者信息，格式为"居右、楷体、五号"，保存完成的文件。

（1）在功能区中切换到"插入"选项卡，在"页眉和页脚"组中单击"页眉"命令，在下拉列表中选择"编辑页眉（E）"命令，进入页眉页脚编辑状态。在"页眉和页脚工具"的"选项"组中勾选"奇偶页不同"选项，如图3.70所示。

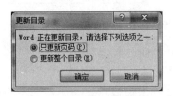

图3.69　"更新目录"对话框

图3.70　设置奇偶页不同

（2）光标定位于任一奇数页的页眉区域，输入论文名称。选中论文名称文字，功能区切换到"开始"选项卡，使用其"字体"、"段落"组命令将该页眉格式设为"居左、楷体、五号"；光标定位于任一偶数页的页眉区域，输入作者信息，并设置格式为"居右、楷体、五号"。完成单击"关闭页眉和页脚"命令，退出页眉编辑状态。

（3）单击"快速访问工具栏"的"保存"按钮，保存当前编辑。

第 **4** 章 电子表格操作实验

知 识 要 览

Excel 是微软公司出品的 Office 系列办公软件中的一个组件,是一个非常出色的电子表格软件。我们只要将数据输入到 Excel 按规律排列的单元格中,便可依据数据所在单元格的位置,利用多种公式进行算术和逻辑运算,分析汇总单元格中的数据信息,并且可以把相关数据用各种统计图的形式直观地表示出来。因此,Excel 在金融、财税、统计、行政等许多领域得到了广泛的应用,有助于提高工作效率,实现办公自动化。

Excel 不仅具有处理数据、绘制图表和图形功能,还具有智能化计算和数据库管理功能。它提供了窗口、菜单、工具栏以及操作提示等多种友好的界面特性,十分便于用户使用。

通过学习,读者应该掌握如下知识点:

- 基本操作。工作簿的创建与保存;工作表的创建、删除、复制、移动、更名等基本操作;行、列、单元格数据格式设置与内容编辑。
- 公式和函数。单元格的相对引用与绝对引用;基本公式的建立、数据与公式的复制和智能填充;内嵌函数的使用,包括判断条件、参数范围、分支输出等的定义,以及函数的嵌套使用。
- 数据库管理功能。数据筛选、数据排序和分类汇总。
- 图表功能。创建、修改和修饰图表,用图表来直观地展示数据的比较、比例、分布、趋势等。

本章共安排了 5 个实验(包括 15 个任务)来帮助读者进一步熟练掌握学过的知识,强化实际动手能力。

实验 4.1　基本公式与单元格引用

通过本实验的练习,掌握 Excel 的公式、单元格引用等知识点的基本概念及实际操作,并通过一个自制现金账册的综合实践练习,使读者能够更深入地理解上述知识点的应用价值,并将其融入到实际工作中去。

任务 4.1.1 现金账册的建立

任务描述

在本任务中，我们需要为账册建立一个新的账页，对账页的格式进行设置，并记上第1笔账。

操作步骤

步骤 1 账册初始化。

新建一个 Excel 工作簿。并将工作表"Sheet1"重命名为"2012-9"，并按图 4.1 所示输入表头文本，并设计表头的格式和对齐方式和各列标题。

图 4.1 现金账册

步骤 2 设置数字格式。

由于财务记账规范要求无论有无小数，均要求保留两位小数并且使用千位分隔符，因此必须为收入、支出和余额三个列（字段）设置规定的输出格式：同时选中 C、D、E 三列，单击"格式"→"设置单元格格式(E)..."命令，出现"单元格格式"对话框，如图 4.2 所示。选择"数字"选项卡，在左侧"分类"栏中选中"数值"后，将右侧的"小数位数"数值框设置成"2"，并选中"使用千位分隔符"左侧的复选框，然后单击"确定"按钮，这样就规定了数字在这三列中的显示和输出的规范格式。

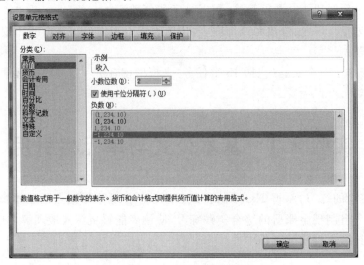

图 4.2 设置数字格式

大学计算机应用基础实验教程(第 3 版)

步骤 3　首次记账。

先填写记账日期和科目，再在"C3"单元格记入第一笔收入，然后在"E3"单元格输入"＝C3"，按回车键确认，此时可见余额与收入相等（原理将在任务 2 中解释），单击"E3"单元格，在编辑栏中可以看见公式"＝C3"，如图 4.3 所示。

图 4.3　首次记账

任务 4.1.2　余额的自动计算

任务描述

在本任务中，我们需要在账页中建立一个记账公式，使它能够对后续的账目实现自动计算。

操作步骤

步骤 1　记第 2 笔账。

按图 4.4 记上第 2 笔账目，此笔为支出，记上发生日期和科目后，在"D4"单元格中输入"128"。

图 4.4　第 2 笔记账

步骤 2　公式的建立。

在工作表"2012-9"中选中第 4 行的余额列（即"E4"单元格），建立记账公式：先输入"＝"，然后单击上一行的余额（即"E3"），再输入"＋"，再单击本行的收入（即"C4"），再输入"-"，最后单击本行的支出（"D4"），可以看见在"E4"单元格已经生成了如下公式："＝E3＋C4-D4"，如图 4.5 所示，同时编辑栏中也显示了同样的公式。

图 4.5 建立记账公式

回车或单击编辑栏左侧的"√"确认后,看到原来写入公式的单元格中显示出当前的余额"3,672.00"。本公式的含义是:本次的余额＝上次的余额＋本次的收入－本次的支出。(当然也可以不用鼠标而全部由键盘输入,注意输入公式时不能省略等号"＝")。

步骤 3 修改账目。

假设记账有误,需要修改支出,双击单元格"D4"或者在编辑栏中直接编辑,将支出数据改为"136",确认后发现在"E4"中余额已经自动得到了更新,这正是使用公式的优点之一。

步骤 4 公式的复制。

要想使得以后记账时每一笔账都能自动计算余额,我们需要将上述公式复制到下方的余额单元格中。方法是:单击待复制公式所在的单元格"E4",然后将鼠标箭头指向单元格右下角的实心小方块,当鼠标指针由空心变成实心的"＋"图样时,按下左键并向下方拖动鼠标,释放鼠标后,就已经把公式复制到鼠标拖过的所有单元格中,这种复制方法称为"填充"。

现在我们单击选中"E5"单元格,在编辑栏中我们惊奇地发现,公式居然变成了"＝E4＋C5－D5"!再往下一格,公式是"＝E5＋C6－D6"……如图 4.6 所示。公式怎么会自己改变呢? 这正式 Excel 相对引用的妙处所在。

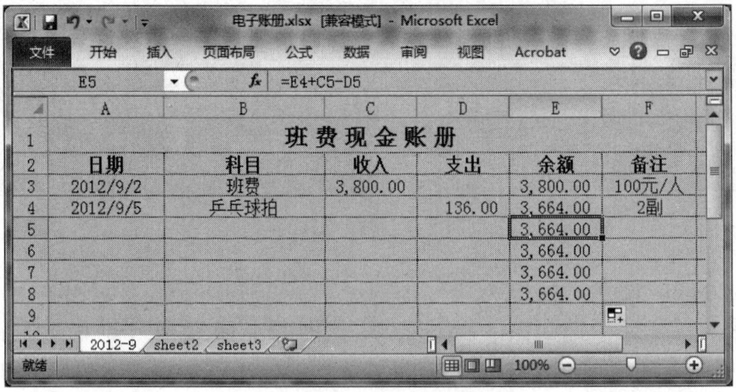

图 4.6 余额公式的复制

步骤 5　进阶技巧(选做)。

到上一步为止,账页册已经基本建立完成,我们可以在下面的空行中依次记账了,对于复制过公式的行,记账时余额栏中会自动计算出正确的结果。但是我们也发现,这个账册还不够完美:当我们填充公式后,发现在下面尚未记账的行中也出现出了余额,这是不合常理的,未记账前应该保持空白。

现在我们就来改变这一状况。单击"E4"单元格,在编辑栏中将公式改成:"＝IF(C4＋D4＜＞0, E3＋C4－D4, "")",再向下填充,就可以达到我们的目的,如图 4.7 所示。式中使用了逻辑分支函数(其中小于号＋大于号"＜＞"为"不等于"运算符),函数将在下一个实验中练习。

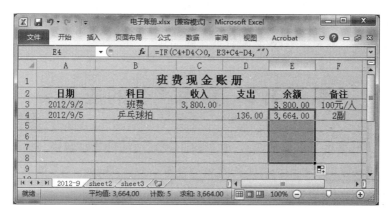

图 4.7　改善后的余额计算公式

任务 4.1.3　现金账册的换页

任务描述

如果一期(一月、一季度或一年)的记账周期结束了,需要另起一个新账页,本任务就带领读者来实现这一目标。

操作步骤

步骤 1　复制账册框架。

将账册的框架(即前两行)复制、粘贴到"Sheet2"的前两行中,按需要对 Sheet2 进行重命名,例如"2012-10"。

步骤 2　继承上期余额。

选中新账页中的 C3 单元格,输入"＝",然后单击上期账页工作表标签"2012-9",打开上期账页,在其中单击最后一条余额,按 Enter 键确认,这样在新账页中第一条的收入就继承了上期账册中的最终余额。这是跨页单元格引用方法,此时在编辑栏中可以看到公式"＝'2012-9'!E4",如图 4.8 所示,其中的惊叹号"!"是工作表名与单元格名称之间的隶属关系符号。

步骤 3　公式复制。

图 4.8　继承上期余额

将上期账册中"E3"、"E4"单元格的公式分别复制并粘贴到新账册的"E3"、"E4"单元格中,再按需要向下填充若干行,新账页就新建完成了。

实验 4.2　常用函数的应用

Excel 为我们提供了丰富的函数,它们将一些复杂的计算步骤进行了相应的逻辑组合,使得用户通过简单的调用即可实现复杂的计算。以下通过一个考试成绩综合处理的实验,帮助读者掌握几个最常用函数的应用。

任务 4.2.1　总分的计算

任务描述

在本任务中,我们通过在成绩单中建立一个求和公式,快速地得到所有考生的总分。其中要用到求和函数,求和函数可以实现一个或多个区域数据的合计运算。

操作步骤

步骤 1　构造成绩单。

新建一个 Excel 工作簿,在工作表"Sheet1"中定义列标题并输入如图 4.9 所示的数据。

步骤 2　建立求和公式。

选中"E2"单元格,单击"公式"数据区的"插入函数"选项(或单击"编辑栏"左侧的 f_x 图标),此时弹出一个"插入函数"对话框,如图 4.10 所示。在对话框"或选择类别"下拉列表中选择"数学与三角函数",在"选择函数"列表框中选择"SUM",然后单击"确定"按钮。

步骤 3　数据区域定义。

此时又会弹出一个"函数参数"对话框,如图 4.11 所示,在对话框中 "Number1"标识的右边列出了 Excel 自动选择的区域"B2:D2",这正是我们要求和的数据区域(由 Excel 智能判断得出)。单击"确定"按钮,可以看见"E2"单元格中已经得到了第 1 个考生的总分,如图 4.12 所示,此时在编辑栏中可以看见自动生成的带有函数的公式"=SUM(B2:D2)"。

图 4.9　原始成绩单

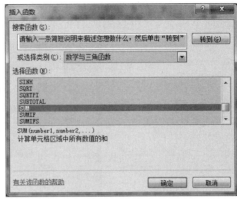

图 4.10　"插入函数"对话框

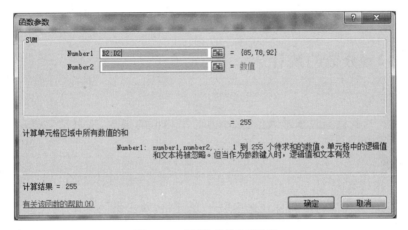

图 4.11　"函数参数"对话框

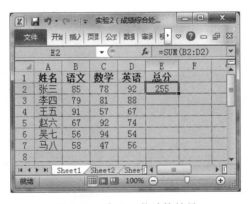

图 4.12　求和函数计算结果

如果 Excel 自动选择的区域不是我们所需要的,那么我们可以单击右侧带有红色小箭头的折叠按钮,将对话框折叠起来,然后手工选择计算区域(可以借助 Ctrl 键选择多个不连续区域),然后再次单击折叠按钮,重新展开对话框,可以看到计算区域已经更新。将公式向下填充,便可得到所有记录的总分,如图 4.13 所示。

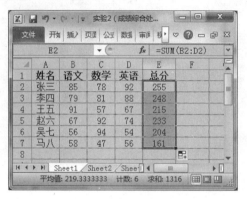

图 4.13　求和公式的复制

任务 4.2.2　分数的统计

任务描述

在本任务中,我们通过求最大值、最小值与平均值的函数,来自动完成一些成绩的统计分析工作。

操作步骤

步骤 1　求最高分。

先求考生语文成绩的最高分。选中"B8"单元格,单击 f_x 按钮,打开"插入函数"对话框,从中选择"统计"类别下的"MAX"函数,然后按要求选择数据区域"B2:B7",单击"确定"按钮后即可生成公式"=MAX(B2:B7)",同时给出区域内的最大值"91",如图 4.14 所示。将公式向右填充,即可得到所有课程以及总分的最高分,如图 4.15 所示。

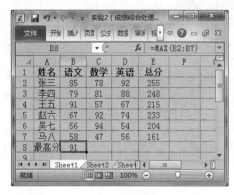

图 4.14　求最高分

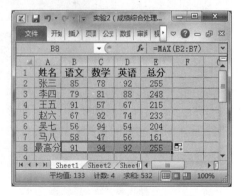

图 4.15　最高分公式的复制

　大学计算机应用基础实验教程(第 3 版)

步骤2 求最小值与平均值。

求最小值、平均值的方法与求最大值类似,不同的只是函数名应该分别改为"MIN"和"AVERAGE"。注意,求最小值或平均值时Excel自动选定的区域可能是错误的,统计范围不能包括非原始成绩的那些行(如本例的最高分)! 以下给出求最低分和平均分的结果,如图4.16和图4.17所示。

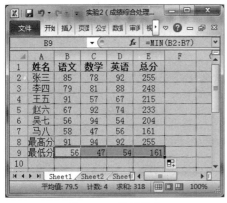

图4.16 求最低分

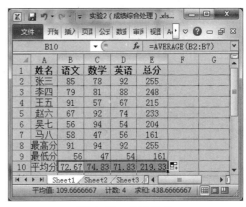

图4.17 求平均分

任务4.2.3 不及格成绩的标注

任务描述

在本任务中,我们通过定义条件格式的方法,来自动"筛选"出成绩在60分以下的所有数据。

操作步骤

步骤1 选择施加条件区域。

先选中所有的成绩数据,然后选择"开始"选项卡下"样式"的"条件格式"→"突出显示单元格规则"→"小于"选项,如图4.18所示。

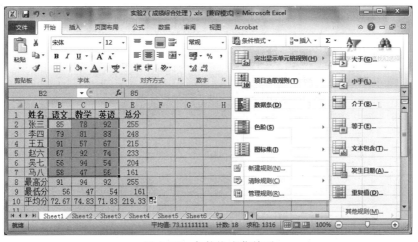

图4.18 条件格式菜单项

步骤 2　条件表达式定义。

在图 4.19 所示的条件格式设置对话框中"为小于以下值的单元格设置格式"下方的文本框中输入"60",然后在"设置为"下拉列表中选择一种现成的格式或自定义格式,单击"确定"按钮,便可在原成绩单上看到用浅红色底纹和红色文本修饰的不及格数据。

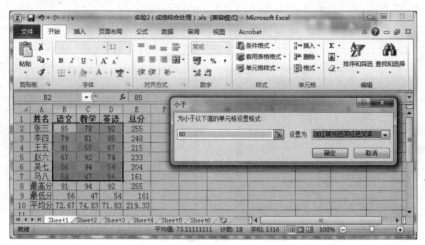

图 4.19　条件格式设置对话框

任务 4.2.4　不及格门数的统计

任务描述

在本任务中,我们通过记数与条件记数函数来自动计算每个考生考试不及格成绩的门数。

操作步骤

步骤 1　添加数据列。

在成绩登记表"F1"、"G1"和"H1"单元格分别输入"考试门数"、"缺考门数"和"不及格门数",该 3 列供存放统计公式和结果使用。此外,为了说明函数的功能,我们特意将"C3"单元格的数据删去。

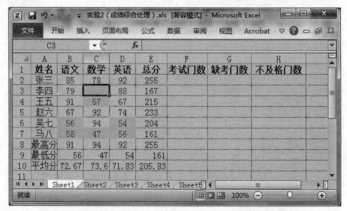

图 4.20　添加数据列

　　　　大学计算机应用基础实验教程(第 3 版)

步骤 2　定义统计公式。

(1) 统计考试门数。

按照前文介绍的方法在"F2"单元格中插入"统计"函数"COUNT",然后在弹出的"函数参数"对话框的"Value1"中定义统计数据范围"B2:D2",如图 4.21 所示,然后单击"确定"按钮。

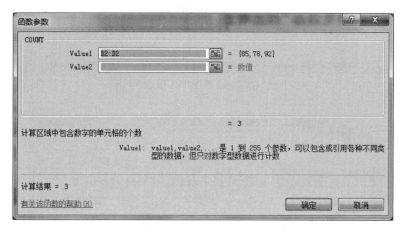

图 4.21　定义统计范围

这样即可得到第 1 个考生的考试门数统计结果,将公式向下复制,便可得到所有考生的考试门数数据,如图 4.22 所示。从中可以看出,第 2 个考生的考试门数为"2",说明 COUNT 函数是不统计空白单元格的,该函数的功能是统计选定区域内非空单元格的个数。

	A	B	C	D	E	F	G	H
1	姓名	语文	数学	英语	总分	考试门数	缺考门数	不及格门数
2	张三	85	78	92	255	3		
3	李四	79		88	167	2		
4	王五	91	57	67	215	3		
5	赵六	67	92	74	233	3		
6	吴七	56	94	54	204	3		
7	马八	58	47	56	161	3		
8	最高分	91	94	92	255			
9	最低分	56	47	54	161			
10	平均分	72.67	73.6	71.83	205.83			
11								

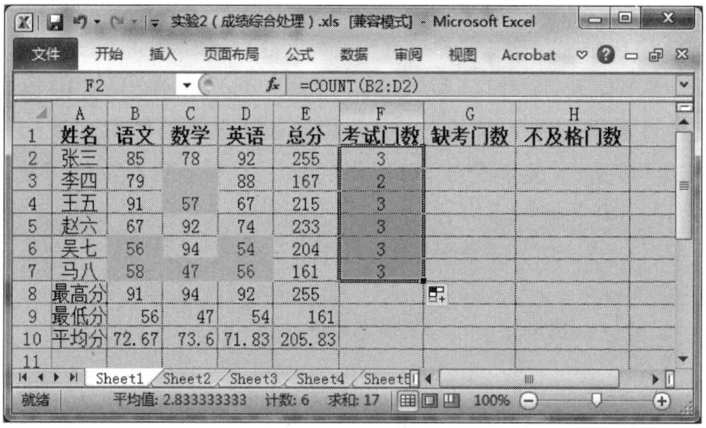

图 4.22　考试门数统计结果

(2) 统计缺考门数。

现在在"G2"单元格中插入"统计"函数"COUNTBLANK"(该函数统计选定区域内的空白单元格个数),然后在弹出的"函数参数"对话框的"Range"中定义统计数据范围"B2:D2",如图 4.23 所示,然后单击"确定"按钮,即可得到第 1 个考生的缺考门数,复制公式,统计所有考试的缺考情况,可以看到第2个考试缺考数位1。

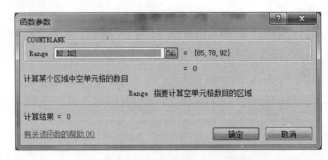

图 4.23　缺考统计范围选择

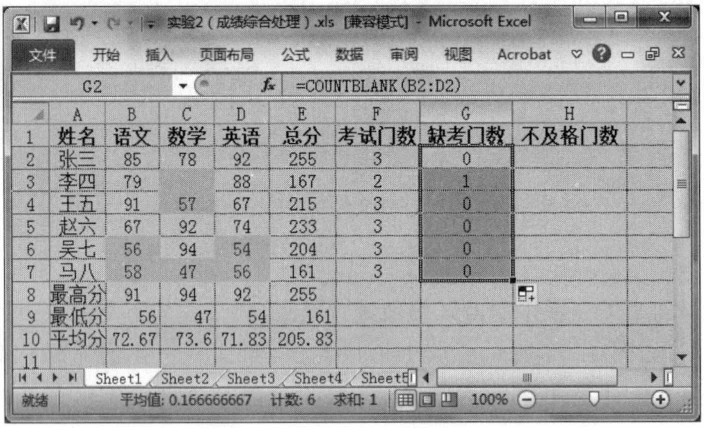

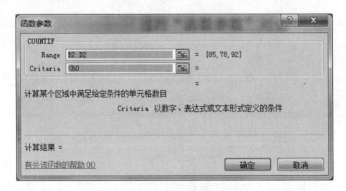

图 4.24　缺考统计结果

（3）统计不及格门数。

在"H2"单元格中插入"统计"函数"COUNTIF",然后在弹出的"函数参数"对话框的"Range"中定义统计数据范围"B2:D2",定义 Criteria（记数条件）为"＜60",如图 4.25 所示,然后单击"确定"按钮,并复制公式,可以得到每一个考生的不及格门数。

图 4.25　缺考统计范围和条件

大学计算机应用基础实验教程(第3版)

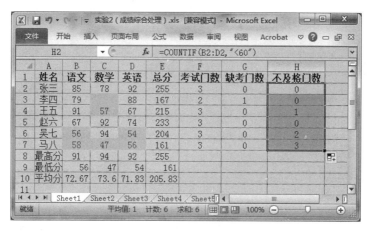

图 4.26　不及格门数统计结果

任务 4.2.5　考试过关判定

任务描述

在本任务中,我们通过判断分支函数来对每个考生是否过关自动作出判定。

操作步骤

步骤 1　添加数据列。

在成绩登记表"I1"单元格输入"判定","I"列供存放判定公式和判定结果之用。

步骤 2　定义判定公式。

在"I2"单元格插入"逻辑"函数"IF",然后在弹出的 IF 条件定义对话框中的"Logical _test"(条件检测)文本框中输入"H2=0"(表示"H2"单元格的值——也就是不及格门数为 0),在"Value_if_true"(如果条件成立时函数的计算结果)文本框中输入"Pass",再在"Value_if_false"(如果条件不成立时应返回的值)文本框中输入"Fail",如图 4.28 所示(注:输入文本时可以不加引号,Excel 会自动添加)。

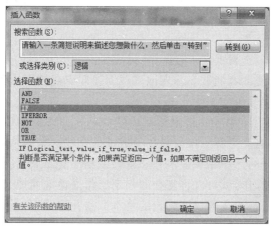

图 4.27　"逻辑"函数"IF"

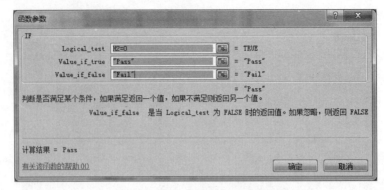

图 4.28 "IF"函数参数定义

步骤 3　判定结果展示。

单击"确定"按钮,然后将"I2"单元格中的公式向下填充,即可得到所有考生过关与否的判定结果,如图 4.29 所示。

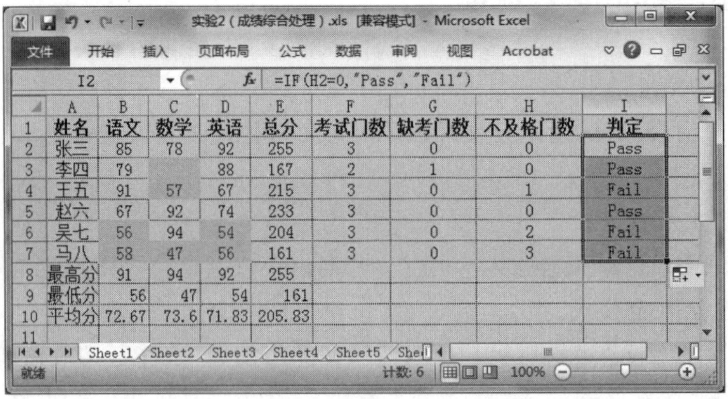

姓名	语文	数学	英语	总分	考试门数	缺考门数	不及格门数	判定
张三	85	78	92	255	3	0	0	Pass
李四	79		88	167	2	1	0	Pass
王五	91	57	67	215	3	0	1	Fail
赵六	67	92	74	233	3	0	0	Pass
吴七	56	94	54	204	3	0	2	Fail
马八	58	47	56	161	3	0	3	Fail
最高分	91	94	92	255				
最低分	56	47	54	161				
平均分	72.67	73.6	71.83	205.83				

图 4.29　过关判定结果

实验 4.3　排序与分类汇总的应用

通过本实验的练习,掌握 Excel 的排序、分类汇总等知识点的基本概念及实际操作,并通过综合实践练习,使读者能够更深入地理解上述知识点的应用价值,并将其融入到实际工作中去。

在实际工作中,我们经常需要判定竞赛成绩和名次,如体育比赛、舞蹈比赛、知识竞赛、卡拉 OK 大赛等。有些竞赛不仅仅是单项成绩的比较这么简单,而可能是一种综合条件的排序甚至更加复杂的计算结果。利用 Excel 表格中记载的原始成绩记录,根据裁判规则,加上几步适当的操作,就可以将复杂的判定工作变得既简捷又准确。下面我们通过两个体育竞赛的实例来练习竞赛成绩判定的基本方法并体验 Excel 的强大。

—————— 大学计算机应用基础实验教程(第 3 版)

任务 4.3.1　举重名次的排定

任务描述

在本任务中，我们需要根据举重比赛的裁判规则，来对举重比赛的成绩作出判定。举重比赛成绩的判定需要多个条件的组合：首先要看举起的重量，重量大者获胜；当举起重量相同时，则要比较选手的体重，体重轻者获胜；当举起重量和体重都相同时，还要看该重量的试举次数，试举次数少者获胜。以下我们就来判定某次比赛的名次。

操作步骤

步骤 1　创建比赛成绩记录表。

首先需要新建一个 Excel 工作表，并将原始比赛记录录入其中，如图 4.30 所示。

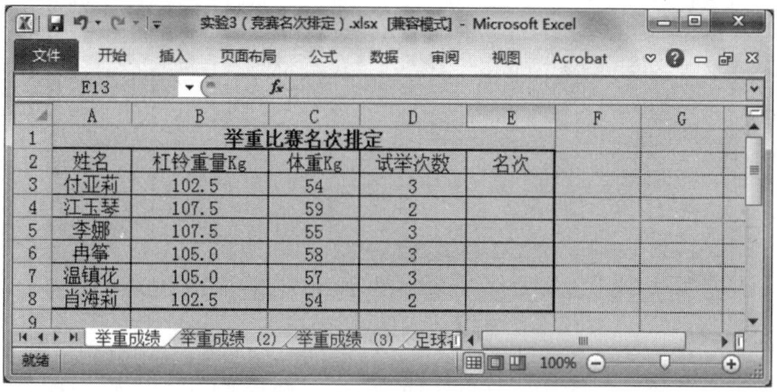

举重比赛名次排定				
姓名	杠铃重量Kg	体重Kg	试举次数	名次
付亚莉	102.5	54	3	
江玉琴	107.5	59	2	
李娜	107.5	55	3	
冉筝	105.0	58	3	
温镇花	105.0	57	3	
肖海莉	102.5	54	2	

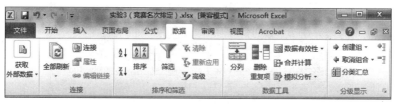

图 4.30　举重比赛成绩记录表

步骤 2　选定数据区域。

将活动单元格置于原始记录表格范围之内，单击“数据”选项卡的“排序”选项，如图 4.31 所示。

图 4.31　排序功能入口

步骤 3　排序规则定义。

在图 4.32 所示的“排序”对话框中，首先在“主要关键字”下拉列表中选择“杠铃重量Kg”，同时在右侧下拉列表中选择“次序”为“降序”；然后单击左上角“添加条件”按钮，选择次要关键字为“体重 Kg”，同时选择“次序”为“升序”；最后再添加一个条件，选择第三关键字为“试举次数”，“次序”同样为“升序”。

步骤 4　排序规则应用。

单击“确定”按钮提交排序规则，可以看见原始记录表已按裁判规则重新排定了次序，如图 4.33 所示。

图 4.32　排序规则定义

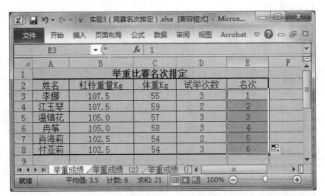

图 4.33　排序结果

利用智能填充功能在"名次"列中自上而下填充数字"1～6",整个比赛名次就排定了,如图 4.34 所示。

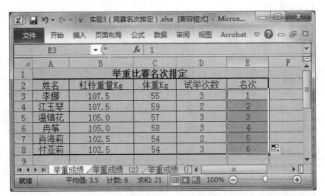

图 4.34　最终名次排定结果

任务 4.3.2　足球出线的确认

任务描述

在本任务中,我们根据某次足球赛会的出线规则,通过小组比赛成绩对出线情况做出判定。足球名次排定方法比举重比赛要复杂一些,但更有趣味。判定时首先要看积分,如果积分相等，那就要比净胜球的多少。以下我们就来判定某场比赛的名次。

操作步骤

步骤 1　创建原始记录表。

首先需要新建一个 Excel 工作表，并按图 4.35 所示输入原始比赛记录。

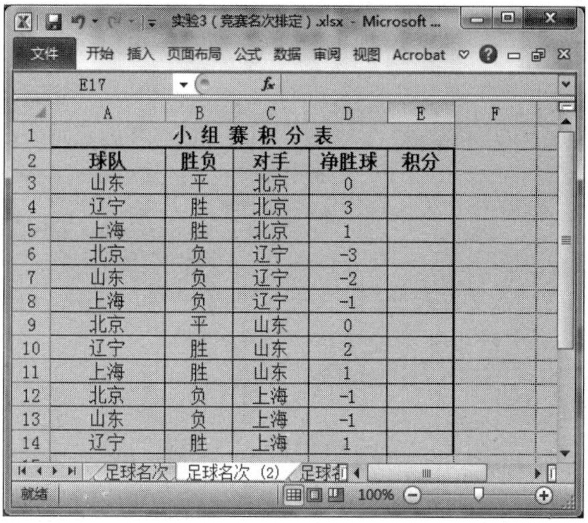

小组赛积分表				
球队	胜负	对手	净胜球	积分
山东	平	北京	0	
辽宁	胜	北京	3	
上海	胜	北京	1	
北京	负	辽宁	-3	
山东	负	辽宁	-2	
上海	负	辽宁	-1	
北京	平	山东	0	
辽宁	胜	山东	2	
上海	胜	山东	1	
北京	负	上海	-1	
山东	负	上海	-1	
辽宁	胜	上海	1	

图 4.35　小组比赛原始记录

步骤 2　定义积分计算公式。

按前面学过的 IF 函数，在“积分”列的“E3”单元格中插入公式“=IF(B3="胜",3,IF(B3="平",1,0))”(胜积 3 分、平积 1 分、负积 0 分)，然后填充到“E4:E14”区域，即可以算出各队每场的积分，如图 4.36 所示。

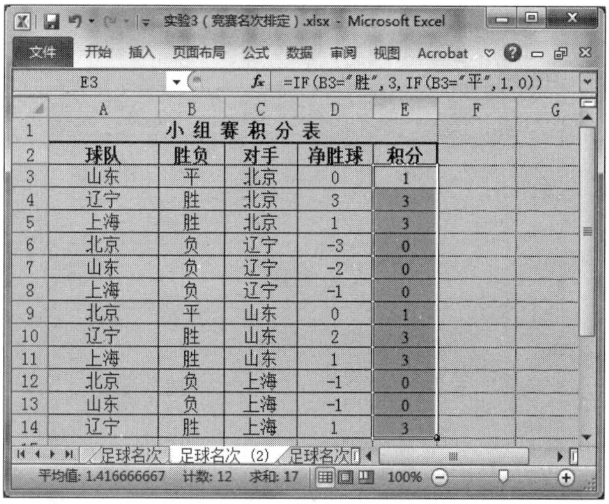

小组赛积分表				
球队	胜负	对手	净胜球	积分
山东	平	北京	0	1
辽宁	胜	北京	3	3
上海	胜	北京	1	3
北京	负	辽宁	-3	0
山东	负	辽宁	-2	0
上海	负	辽宁	-1	0
北京	平	山东	0	1
辽宁	胜	山东	2	3
上海	胜	山东	1	3
北京	负	上海	-1	0
山东	负	上海	-1	0
辽宁	胜	上海	1	3

图 4.36　各队积分的自动计算

步骤 3　按分类关键字段排序。

本例的关键字段是“球队”，先要将活动单元格置于原始记录表“球队”一列中任何有数据的位置,单击"数据"选项卡下"排序和筛选"的"升序"或"降序"按钮进行排序(这是分类汇总前的必要步骤)。

步骤 4　按关键字段进行分类汇总。

然后单击"数据"选项卡下"分级显示"的"分类汇总"选项,在图 4.37 所示的"分类汇总"对话框中选择分类字段为"球队"、汇总方式为"求和"、选定汇总项为"积分"和"净胜球"两项。单击"确定"按钮后,即可得到汇总表(见图 4.38)。

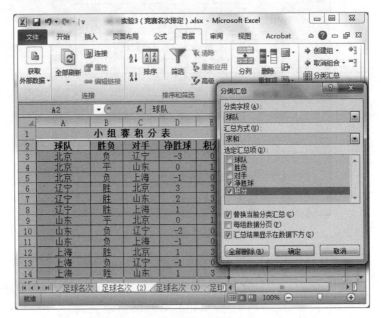

图 4.37　积分汇总条件的定义

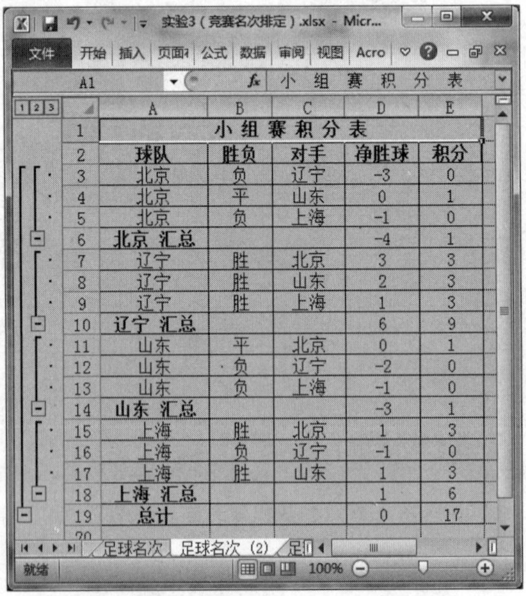

图 4.38　积分分类汇总表

步骤5 折叠汇总表。

在汇总表左上角单击显示级别按钮 1 2 3 中的"2",可以隐藏第3级(原始记录细节),而得到仅含汇总项(小计和总计)的表格。如图4.39所示。

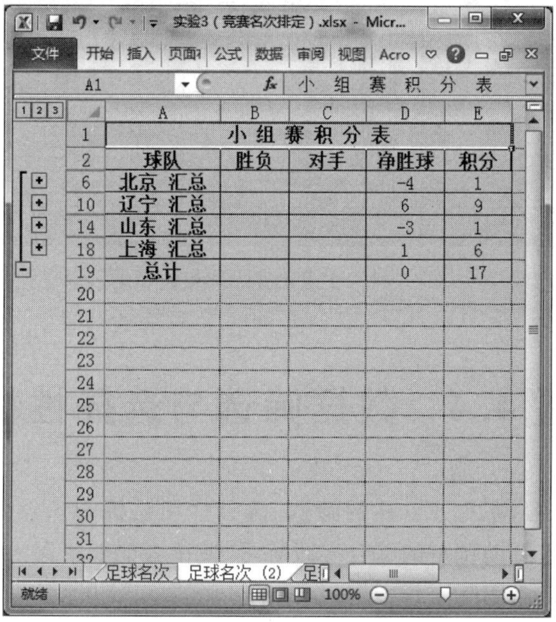

图4.39 折叠后的汇总表

步骤6 小组名次排定。

按前面学过的排序方法,将汇总表中的"积分"作为主要关键字、"净胜球"作为次要关键字,两者均按"递减"进行排序,如图4.40所示,这样就得到了最终的小组比赛名次的顺序,小组出线权也就此确定,如图4.41所示。可以看出,当积分相同时,净胜球多(或输球少)的队伍排在净胜球少(或输球多)的队伍前面。

图4.40 按积分和净胜球排序

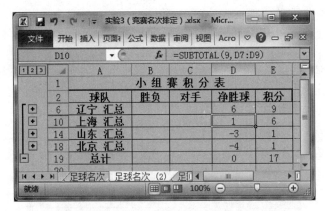

图 4.41　小组比赛出线权的确定

实验 4.4　数据筛选与选择性粘贴

通过本实验的练习,掌握 Excel 的筛选、选择性粘贴等知识点的基本概念及实际操作,并通过一个特困生补助调整的综合实践练习,使读者能够更深入地理解上述知识点的应用价值,并将其融入到实际工作中去。

任务 4.4.1　满足调整条件的特困生补助对象

任务描述

在本任务中,我们要利用 Excel 的筛选功能,定义筛选条件,找出满足调整条件的所有记录。本实验假定本次补助调整对象是目前补助额小于或等于 1000 元的特困生,增加幅度为 10%。

操作步骤

步骤 1　创建特困生补助表并录入数据。

首先需要新建一个 Excel 工作表,并按图 4.42 所示将特困生补助表数据录入其中,供后续实验使用。

步骤 2　激活自动筛选模式。

将活动单元格置于原始记录表格范围之内,单击"数据"选项卡下"排序和筛选"的"筛选"选项,如图 4.43 所示。此时,自动筛选模式被激活,特困生补助表中每列的列标题右边会各出现一个下拉箭头(见图 4.43)。

步骤 3　记录筛选。

图 4.42　特困生补助表

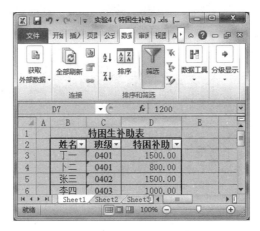

图 4.43　激活自动筛选模式

单击"特困补助"列标题右边的下拉箭头,弹出一个下拉列表,其中列出了该列中出现过的每一种数据值,还包括"全部"、"数字筛选"等项,如图 4.44 所示。选取"数字筛选"下的"小于或等于"选项,弹出"自定义自动筛选方式"对话框,如图 4.45 所示,在"小于或等于"右侧文本框中输入筛选条件"1000",单击"确定"按钮,即可得到筛选结果,如图 4.46 所示。

图 4.44　"自动筛选"选项

图 4.45　定义筛选条件

第 4 章　电子表格操作实验

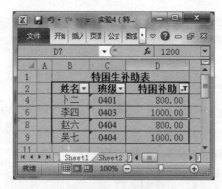

图 4.46　筛选结果

任务 4.4.2　调整后的补助金额

任务描述

在本任务中,我们根据调整规定,将所有满足条件记录中的"特困补助"按规定增加 10%,并将计算结果保存在临时单元格中。

操作步骤

步骤 1　定义计算公式。

在筛选结果表中第一条记录右边的空单元格中输入公式:"=D4＊110%",如图 4.47 所示,即可计算出第一条记录调整后的特困补助。将公式向下填充,即可算出所有满足条件者调整后的金额,如图 4.48 所示。

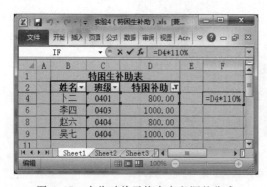

图 4.47　在临时单元格中定义调整公式

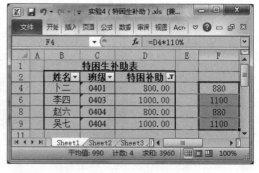

图 4.48　全部调整后的金额

步骤 2　还原显示全部记录。

单击"特困补助"列标题右边的下拉箭头,在列表中选择"全选",便可以将隐藏的记录全部还原显示,如图 4.49 所示,然后复制默认选中的临时单元格区域"F4:F9"。

步骤 3　更新特困补助。

右击单元格"D4",在快捷菜单中选择"选择性粘贴"→"选择性粘贴..."命令,如图 4.50 所示。

步骤 4　"选择性粘贴"选项。

————————————————大学计算机应用基础实验教程(第 3 版)

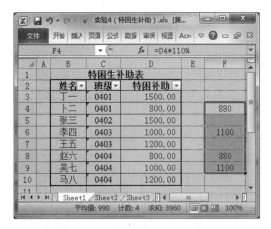

图 4.49　还原显示隐藏记录

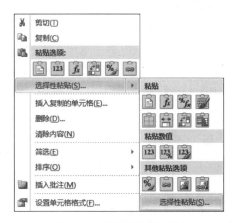

图 4.50　复制临时单元格

现在出现了图 4.51 所示的"选择性粘贴"对话框。在上半部"粘贴"项下选择"数值"单选按钮；在最后一行选定"跳过空单元"复选框。然后单击"确定"按钮，即可完成粘贴任务，如图 4.52 所示。可以看到，原补助小于或等于 1000 记录中的补助额现在都被加上了10%。最后将不再使用的临时单元格中的数据全部删除，即可得到调整后的特困生补助表。

图 4.51　"选择性粘贴"对话框

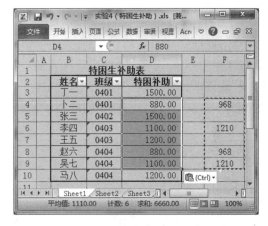

图 4.52　选择性粘贴后的结果

步骤 5　取消自动筛选模式。

再次单击"数据"选项卡下"排序和筛选"的"筛选"选项，列标题右侧的自动筛选小箭头被取消。

任务 4.4.3　调整补助的另一种实现方法

任务描述

在本任务中，我们利用选择性粘贴提供的附加运算功能来等效地完成任务 4.4.2 的目标。

操作步骤

步骤 1　定义计算公式。

在筛选结果表中第一条记录右边的空单元格中输入公式："＝D4 * 10％"，如图 4.53 所示，即可计算出第一条记录应该增加的金额。将公式向下填充，即可算出所有满足条件者应该增加的金额，如图 4.54 所示。

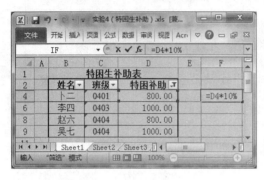

图 4.53　定义新的调整公式　　　　　　图 4.54　计算所有补助金额

步骤 2　还原显示全部记录。

展开全部记录，并复制默认选中的区域，方法同任务 4.4.2 步骤 2。

步骤 3　更新补助金额。

在"选择性粘贴"对话框中的"粘贴"项下选择"数值"单选按钮，在"运算"项下选择"加"，在最下面选定"跳过空单元"复选框，如图 4.55 所示。单击"确定"按钮，即可完成附带"加"运算的粘贴任务，如图 4.56 所示。最后将临时单元格中的数据全部删除，即可得到与任务 4.4.2 完成后完全相同的特困生补助表。

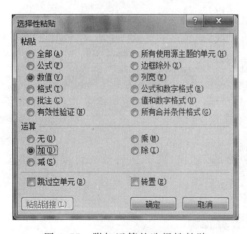

图 4.55　附加运算的选择性粘贴

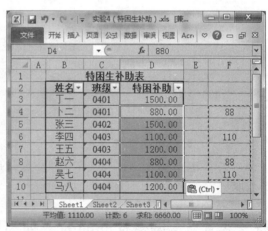

图 4.56　与任务 4.4.2 完全相同的调整结果

　　　　　　大学计算机应用基础实验教程(第 3 版)

实验 4.5 可视化图表数据

通过本实验的练习,学习 Excel 图表的功能,掌握将数据转换成图表的基本操作方法,使读者能够更深入地理解上述知识点的应用价值,并将其融入到实际工作中去。

任务 4.5.1 教材订购数量比较

任务描述

在本任务中,我们要利用 Excel 图表功能,将各出版社图书的订购量做可视化的比较。

操作步骤

步骤 1 创建原始记录表。

首先新建一个"教材订购汇总表",并将各出版社的订购量和销售额录入其中,如图 4.57 所示。

步骤 2 选择图表数据区域。

本任务是要进行订购量的比较,因此我们选中"出版社"和"订数"两列的数据区域,如图 4.58 所示。

图 4.57 原始订购记录表　　　　图 4.58 选择图表数据区域

步骤 3 选择图表类型。

单击"插入"选项卡下"图表"中的下拉"柱形图"选项,选择"二维柱形图",如图 4.59 所示,便可生成默认布局和样式的图表,如图 4.60 所示。

步骤 4 更改图表布局。

拖动图表将其移动到合适的位置,在选中图表对象的情况下,可以看见"图表工具"的选项,如图 4.61 所示,在"图表布局"或"快速布局"列表中选择一种满足需要的布局,本例我们选择"布局 3"选项,可以看到图表有了不同的布局。

步骤 5 变换图表样式。

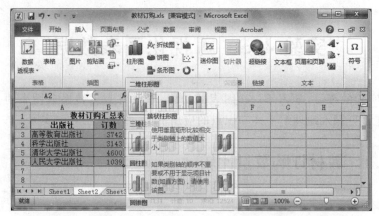

图 4.59　选择图表类型——二维柱形图

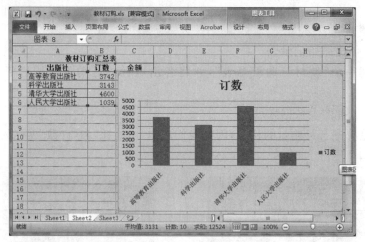

图 4.60　默认布局和样式的柱形图

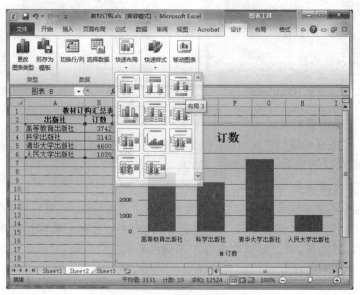

图 4.61　更改图表布局

大学计算机应用基础实验教程(第 3 版)

在"图表样式"或"快速样式"列表中选择其中一种自己认为美观的样式,本例中我们选择"样式42",可以看见图表变成了图 4.62 所示的样式。

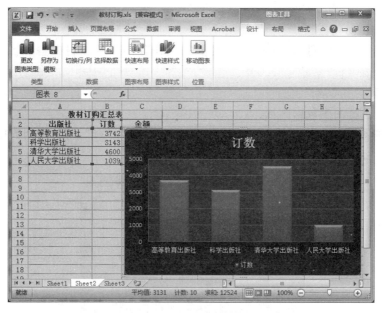

图 4.62 变换图表样式

步骤 6 编辑图表标题。

单击图表标题"订数",将其修改成"教材订购数量比较",如图 4.63 所示,这样一幅图表就基本完成了,由图表可以直观地看出各出版社图书订购数量的比较。

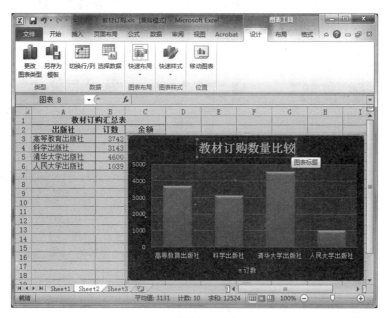

图 4.63 编辑图表标题

任务4.5.2 教材销售额比较

任务描述

在本任务中,我们利用 Excel 图表功能来制作各出版社教材销售额占总销售额的比例。

操作步骤

步骤1　选择图表数据区域。

本任务是要比较销售额的占比,因此我们选中"出版社"和"金额"两列数据区域,如图4.64所示。(提示:按住 Ctrl 键可以帮助选择不连续区域)。

图4.64　选择不连续数据区域

步骤2　选择图表类型。

单击"插入"选项卡下"图表"中的下拉"饼图"选项,选择"分离型三位饼图",如图4.65所示,便可生成默认布局和样式的图表,如图4.66所示。

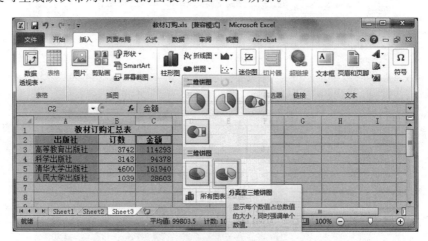

图4.65　选择图表类型——三维饼图

步骤3　更改图表布局。

拖动图表将其移动到合适的位置,在选中图表对象的情况下,可以看见"图表工具"的

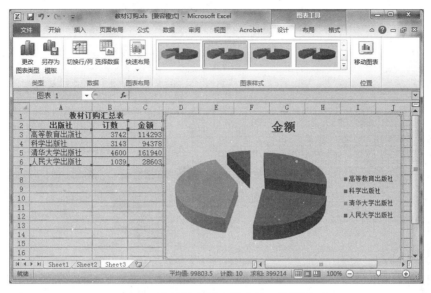

图 4.66　默认布局和样式的三维饼图

选项,如图 4.67 所示,在"图表布局"或"快速布局"列表中选择一种满足需要的布局,本例我们选择"布局 6"选项,可以看到图表有了不同的布局,每块"饼"上面标注了百分比数值。

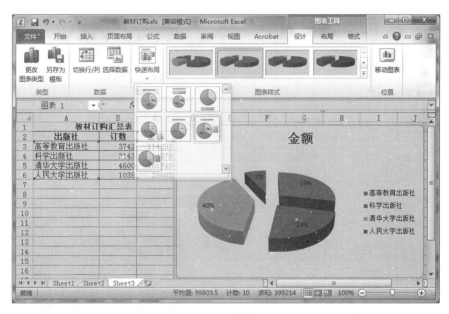

图 4.67　更改饼图布局

步骤 4　变换图表样式。

在"图标样式"或"快速样式"列表中选择其中一种自己认为美观的样式,本例中选择"样式 10",可以看见图表变成了图 4.68 所示样式。

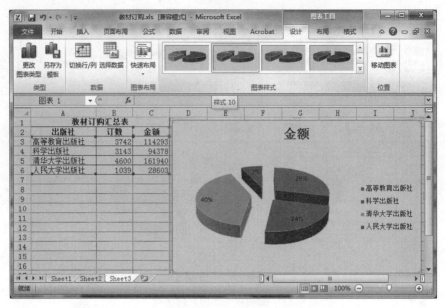

图 4.68 变换饼图样式

步骤 5 编辑图表标题。

单击图表标题"金额",将其修改成"教材订购金额占比",如图 4.69 所示,这样一幅图表就基本完成,由图表可以直观地看出各出版社图书订购金额占总金额的比例。

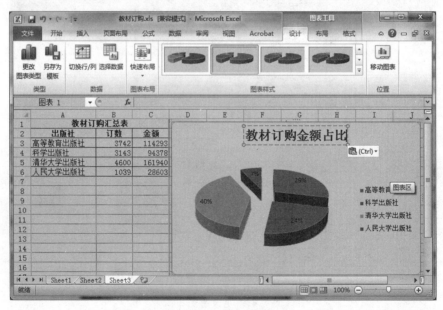

图 4.69 编辑饼图标题

第 **5** 章　多媒体技术基础实验

知 识 要 览

　　多媒体计算机技术是指应用计算机技术将各种媒体以数字化的方式集成在一起,从而使技术具有表现、处理、存储多种媒体信息的综合能力和交互能力。这里的媒体是指信息的载体,如文本、图形、图像、声音以及视频等。

　　多媒体信息处理工具的数量大得惊人,按处理对象艺术特征可以粗略分为:图像处理类、动画类、音频类以及视频类。我们选择了几种典型的多媒体信息处理工具软件:图像处理软件 Photoshop、动画制作软件 Flash CS4、音频视频处理软件"超级解霸",要求读者通过学习,掌握这些软件的基本使用方法和简单设置。并期望读者能够根据自己的兴趣或学习工作的需要,举一反三,选择适合自己的工具软件。

　　通过学习,读者应该掌握如下知识点:

- 了解常用的图像文件格式。Windows 上应用最广泛的 BMP(bitmap)位图格式、互联网上广泛使用的 GIF 格式以及具有较高压缩比的 JPEG 格式。
- 图形图像处理。掌握如何设定与改变图形图像的尺寸、类型;学会图像提取与重组的基本方法;学会使用 Photoshop 中"动画"工具制作简单 GIF 逐帧动画。
- 动画制作。学会设计网页标题动画,动画要求是矢量多彩色变形动画;初步学会设计沿轨迹运动的动画;初步学会制作具有手绘效果的彩色字动画;学会给 Flash 动画配上一段音频,使动画变得更加生动。
- 音频和视频处理。能使用"超级解霸"软件从较长的视频中,截取一段视频文件,应用于自己的作品之中;能使用"音频解霸"软件从较长的音频中,截取一段音频文件,应用于自己的作品之中。

　　本章共安排了 4 个实验,(包括 11 个任务)来帮助读者进一步熟练掌握学过的知识,强化实际动手能力。

实验 5.1　图形图像处理

　　图形、图像的处理,是与生活密切结合的一门技术,同时也是人们追求美的一项工具。完成本实验后能解决在 Word、Excel、PowerPoint 与网页制作中所遇到的改变图像尺寸、提取局部指定大小的图像、图像的提取与重组、逐帧动画的制作等问题。本实验的参考结果如图 5.1、图 5.2 和图 5.3 所示。

图 5.1　尺寸为 785×200 像素的网页标题背景 GIF 图像

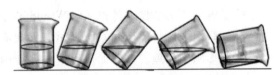

图 5.2　图像重组到法国凯旋门下的个人电子照片　　图 5.3　实现帧动画的五幅图像

　　(1) 图形图像尺寸、类型的设定与改变。
　　(2) 图像的提取与重组。
　　(3) 使用 Photoshop 中的“动画”工具制作 GIF 帧动画。

任务 5.1.1　图形图像尺寸、类型的设定与改变

任务描述
　　设计一网页标题背景图,图像格式为 GIF,尺寸为 785×200 像素。原图像的尺寸为 800×600 像素,图像格式为 BMP(要求不能采用拖拉图像的方法来达到尺寸要求)。
　　操作步骤
　　步骤 1　图像尺寸的约束设定。
　　在 Photoshop 中编辑一个图像文件,首先应根据应用的需要设定图像的尺寸。设定

尺寸的方法：单击"图像"→"图像大小"菜单项，弹出"图像大小"对话框。在对"图像大小"对话框的操作过程中，首先要确定图像的单位，并将该单位与应用程序中的窗口尺寸单位统一起来。在本例中把图像的单位统一设定为像素。接着可以设定宽度和高度值。当约束比例项被选定时，输入宽度值则高度值自动发生改变；反之，输入高度值则宽度值发生变化。若取消"约束比例"项，则宽度值与高度值可以分别设定。输入完毕单击"OK"按钮，就可以完成图像尺寸的设定。

"像素大小"区域按像素显示图像大小，"文档大小"区域以打印尺寸显示图像大小，两个区域是等效的，改变一个区域的值，另一个区域也会随之变化。

例如，本例中得到的图像尺寸是 800×600 像素，但在实际应用中只需要 785×589 像素，可以通过重新设定图像的大小来实现目的，如图 5.4 所示。

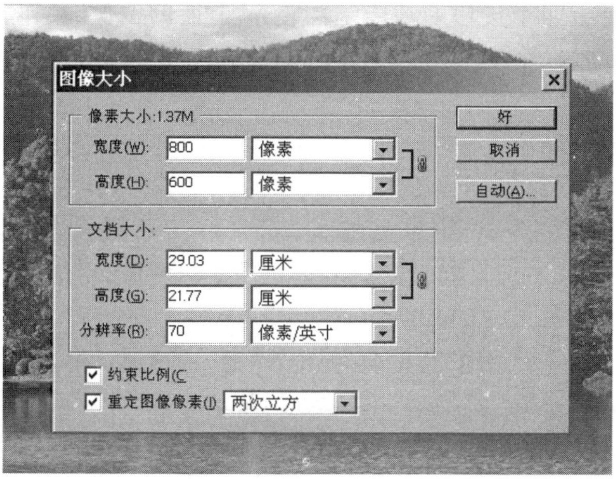

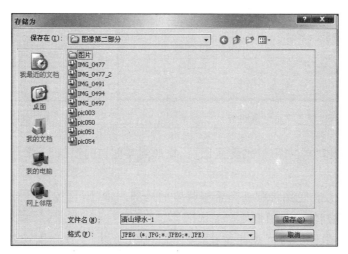

图 5.4　未改变图像尺寸前

将宽度改为 785 像素，由于选择了"约束比例"，则高度自动改为 589 像素。修改完毕，单击"文件"→"另存为"菜单项，弹出"文件另存为"对话框，如图 5.5 所示。

图 5.5　图像文件另存为对话框

作为网页的标题背景图的图像,常保存为 GIF 或 JPEG 格式。

步骤 2　特定尺寸图像的截取。

(1) 单击工具栏中的"裁切"工具 ,在选项栏上显示有关截取工具的各个参数设置,输入"宽度"和"高度"的数值,注意单位是厘米,如图 5.6 所示。

图 5.6　裁剪工具栏

然后在图像上拖动鼠标,此时出现一个具有固定长宽比的裁切选框,按下 Enter 键 Photoshop 便完成图像的裁切,接着自动对裁切得到的图像进行缩放,使其尺寸正好达到预先设置的大小。

在"裁切"工具栏上两个按钮的功能是:单击"前面的图像"按钮,Photoshop 会自动在"宽度"和"高度"文本框中填入当前图像的宽度和高度;"清除"按钮清除"宽度"和"高度"文本框中的数值。

(2) 以上的图像截取方法的特点是:简单、易用,但取局部图像的精度不够。要精确地截取图像中的某一部分指定尺寸的图像,可采用以下方法(注意,在 Photoshop 低版本的情况下采用本方法。在 Photoshop 高版本中可以采用"样式:固定大小"的方法):

① 按指定尺寸,例如 785×200 像素,新建一个空白图像,注意"文档背景"为白色,如图 5.7 所示。

② 单击"窗口"→"显示图层"菜单项,弹出"图层"选项对话框,如图 5.8 所示。

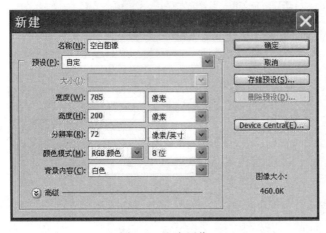

图 5.7　空白图像

图 5.8　空白图像背景层

③ 用鼠标按住"空白图像"的背景图层,拖动到需剪切的图像上,产生一个新的图层,如图 5.9 所示。

④ 用鼠标按住白色图像移动到希望截取的局部图像处,再按住 Ctrl 键的同时,用鼠标单击白色图像层,使白色图像处产生选区。

⑤ 单击白色图像层的可视性按钮,关闭白色图像层,并选择图像层(这里为"背景层")为当前工作层,如图 5.10 所示。

　　　　　　　　　大学计算机应用基础实验教程(第 3 版)

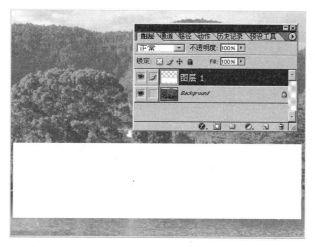

图 5.9 利用空白图像定尺寸

图 5.10 利用空白图像得到特定尺寸的选区

⑥ 单击"编辑"→"复制"菜单项,将选区中的图像复制到剪贴板。然后单击"文件"→"新建"菜单项,默认剪贴板中的图像尺寸。再单击"编辑"→"粘贴"菜单项,便完成了特定尺寸、指定局部图像的复制、截取。

通过本实验使读者能较好地解决在 Word、Excel、PowerPoint 与网页制作中,所遇到的改变图像尺寸、提取局部指定大小的图像等问题。

任务 5.1.2　图像的提取与重组

任务描述

要求将某人从西湖边上的照片中提取,然后将她重组到法国凯旋门下,使个人的电子相册丰富多彩。原始图像如图 5.11 所示。

图 5.11　原始图像素材

操作步骤

步骤 1　图像选定工具的选用。

（1）用矩形选框工具选定局部图像。

使用选框工具选取局部图像是最常用也是最基本的方法，在 Photoshop 中有矩形选框工具、椭圆选框工具、单行选框工具和单列选框工具。它们的使用方法相同，只是建立的选区的几何形状不一样，如图 5.12 所示。

在本实验中先使用矩形选框工具，在工具栏上单击"矩形选框"项。此时在上方弹出它的工具栏选项，如图 5.13 所示，其中"羽化"操作可以消除选择区域

图 5.12　选框工具

的正常硬边界，对其柔化。也就是使区域边界产生一个过渡段，其取值范围在 0 到 255 像素之间。"样式"是用来规定拉出的选框的形状的。

图 5.13　选框工具任务栏

选区的选择方式有 4 种。这 4 种选择方式分别依次为：去掉旧的选择区域，选择新的区域；在旧的选择区域的基础上，增加新的选择区域，形成最终的选择区；在旧的选择区域中，减去新的选择区域与旧的选择区域相交的部分，形成最终的选择区；（与选区交叉）新的选择区域与旧的选择区域相交的部分为最终的选择区域。

在本实验中可采用矩形选框逐一地除去背景，也可以使用矩形选框先将人物从原图中带局部背景提取，如图 5.14 和图 5.15 所示。

（2）使用魔棒工具进行图像的区域选取。

使用"魔棒工具"可选择具有相似颜色的区域。选择了魔棒工具，在 Photoshop 窗口上第三行显示"魔棒工具"的属性工具栏，如图 5.16 所示。

"魔棒工具"属性的主要特点是：

① 容差参数取值为：0～255。其值越小，相似颜色范围就越窄，产生的选区越小；其值越大，相似颜色范围就越宽，产生的选区越大。

图 5.14　矩形选框工具的使用　　　　　图 5.15　带局部背景的图像

图 5.16　魔棒工具栏

②"相邻"复选框。如选择"相邻"复选框,则魔棒工具只能选择邻近的像素点,远处的像素点即使颜色在相似范围之内,也不能被选择。如果清除了"相邻"复选框,则远处颜色在相似范围之内的像素点也能够被选上。

使用"魔棒"工具的步骤为:

① 选区的选择方式。在旧的选择区域的基础上,增加新的选择区域,形成最终的选区。

② 容差参数为 40~50。

③ 将图像显示放大 2 倍。

④ 使用"魔棒"工具多次单击人物的背景,同时可以结合使用矩形选框、椭圆形选框工具。

得到整个背景的选区,然后单击"选择"菜单项上的"反选"功能,得到人物的选区,如图 5.17 所示。

图 5.17　使用魔棒、矩形、椭圆选框工具得到选区

注意,此时选区的选择方式应始终为"在旧的选择区域的基础上,增加新的选择区域,

形成最终的选区"。

　　(3) 使用多边形套锁工具进行图像区域的选取。

　　操作步骤为:

　　① 打开图形文件。

　　② 选择工具栏中的"多边形套锁"工具  ,操作时可将图像显示放大到300%。

　　③ 单击可确定多边选区的起点,移动鼠标到新的位置,再次单击,确定多边形下一个顶点,依次继续(注意每条直线的边都不要太长)。

　　④ 按住空格键,多边形套锁工具临时变成抓手工具,此时可以拖动图像以显示被隐藏的部分,松开空格键,又变回多边形套锁工具。(若希望多边形的某一条边是曲线,则在拖动鼠标的同时按下 Alt 键,完成后松开 Alt 键,再释放鼠标即可)。

　　⑤ 在图形上双击鼠标完成选区的建立,如图 5.18 所示。

　　步骤 2　将人物从原图中提取,并使用"橡皮擦工具",画笔的大小设定为 10～12,在图像显示放大 2 倍的情况下,细心地擦去不需要的边缘,如图 5.19 所示。

图 5.18　使用多边形套索工具得到选区

图 5.19　使用橡皮擦工具除去多余的背景

　　步骤 3　对人物的边缘进行"缩边"一个像素,并除去一个像素的边缘,同时对一个像素的边缘进行"羽化"模糊人物的边缘,有利于图像重组后,与重组的图像更好地结合。

　　步骤为:

　　(1) 按住 Ctrl 键同时单击人物图层,得到人物的选区。

　　(2) 单击"选择"→"修改"→"收缩"菜单项,收缩选区对话框上填入数值 1。确定后,单击"编辑"→"复制","文件"→"新建","编辑"→"粘贴"菜单项,得到除去一个像素边缘的新图像。

　　(3) 在新图像上得到人物的选区,单击"选择"→"修改"→"收缩"菜单项,在收缩选区对话框上填入数值 1,然后单击"确定"按钮。接着单击"选择"→"修改"→"羽化"菜单项,在羽化半径对话框上填入数值 1,单击"确定"按钮。再单击"编辑"→"复制"菜单项,将图像存入剪贴板。

　　步骤 4　打开"凯旋门"图像,单击"编辑"→"粘贴"菜单项,将剪贴板中的人物图像,粘贴到"凯旋门"图像上,并进行适当的位置移动,便完成了图像的重组。重组后的图像如图 5.2 所示。

大学计算机应用基础实验教程(第 3 版)

通过本实验使读者能较好地解决在 Word、Excel、PowerPoint 与网页制作中，所遇到的图像大小改变、图像提取、图像重组问题，技术要点着重在图像的提取。尤其在背景与需要提取的图像边缘不明显的情况下，应通过多种得到选区的工具交叉应用，得到选区。

任务 5.1.3　使用 Photoshop 中动画工具制作 GIF 逐帧动画

任务描述

对指定的烧杯素材，进行提取、旋转等操作，然后使用"动画"工具制作烧杯倒水的 GIF 逐帧动画。

操作步骤

步骤 1　烧杯的提取。

打开"烧杯"图像，应用"任务 5.1.2"介绍中的图像提取方法，将烧杯从图像中提取出来，如图 5.20 和图 5.21 所示。

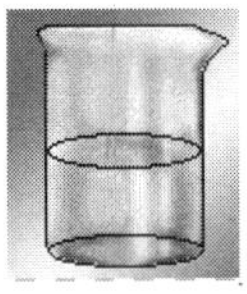

图 5.20　"烧杯"原图像

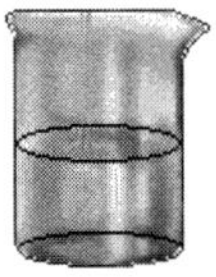

图 5.21　提取后的"烧杯"图像

步骤 2　复制图像并除去烧杯中的水线。

（1）复制图像。选择烧杯提取后的图像，右击标题栏，在弹出的对话框上选择"复制"功能，便完成了原图像的复制。

（2）除去烧杯中的水线。因为随着烧杯的转动，杯中的水线也应该随着变化。将烧杯中的水线除去，不能用画笔或橡皮简单地擦除，因为烧杯是有立体感的，若不采用水线周围的颜色来描绘，则会出现明显的白线。因此正确的操作是，用"吸管工具"吸取黑色水线旁边的颜色，然后用"铅笔工具"点描黑色水线，将水线除去，如图 5.22 和图 5.23 所示。

图 5.22　未取水线旁边颜色擦除

图 5.23　取水线旁边颜色擦除

步骤 3　烧杯指定角度的旋转。

在 Photoshop 中，"画布"旋转的特点是：背景、图像一起旋转，并能够按任意角度旋转，这项功能常用于旋转动画的制作。

（1）单击"图像"→"旋转画布"菜单项，在"旋转画布"子菜单中包含：180 度、顺时针 90 度、逆时针 90 度、任意角度、垂直翻转和水平翻转。要制作烧杯的倒水动画，就单击"任意角度"旋转，弹出"旋转画布"对话框，如图 5.24 所示。

图 5.24　旋转画布对话框

　　填入所需旋转的角度及时针方向,单击"确定"按钮,得到烧杯顺时针旋转 20 度的图像。将旋转后的图像复制,并应用"椭圆选区"＋"描边"的方法加上水线,如图 5.25 所示;在已旋转图像的基础上(未加水线的图像),再次顺时针旋转 20 度,同时加上水线,如图 5.26 所示。

图 5.25　顺时针旋转 20 度

图 5.26　再顺时针旋转 20 度

　　(2) 重复 4 次,直到达到预期效果,如图 5.27 所示。

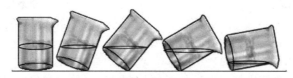

图 5.27　5 幅图像的 5 种状态

　　(3) 将旋转、制作后的 4 幅图像分别复制到第一幅图像中,存放于 5 个图层中。如图 5.28 和图 5.29 所示。

图 5.28　在一个图像文件中的 5 幅图像的叠加　　　图 5.29　5 幅图像存放于 5 个图层

　　步骤 4　在图像制作的基础上,使用"动画"工具制作 GIF 逐帧动画。

　　在当前图像文件处于图 5.29 中的状态时,单击 Photoshop 工具栏单击"窗口"→"动画"菜单项,弹出动画窗口,如图 5.30 所示。

　　　　　　　　　　　　　大学计算机应用基础实验教程(第 3 版)

在动画工作窗口中以一个图层对应一帧动画,同时设定每帧间停顿 0.2 秒,如图 5.31 所示。

图 5.30　选择动画工具

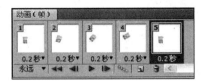

图 5.31　一个图层对应一帧动画

单击"文件"→"存储为 Web 和设备所用格式"菜单项,把以上动画以 GIF 的格式存入文件。

通过本实验使读者了解制作 GIF 逐帧动画的关键基础是对每幅图像的编辑、处理。

实验 5.2　Flash CS4 动画制作

通过以下任务的练习,初步掌握利用 Flash 制作矢量变形动画、沿轨迹运动动画的技巧与方法。并学习如何在 Flash 中添加声音,声音在什么时候开始播放,什么时候嘎然而止,怎样为关键帧上的动画配音。任务 5.2.4 制作具有手绘效果的彩色字动画具有一定难度的动画,可以让有一定基础的同学选做。

任务 5.2.1　飘动的多彩字

任务描述

设计网页的标题动画,动画要求是矢量多彩色变形动画。

操作步骤

步骤 1　创建动画文件,设置窗口尺寸为 785×200 像素。

单击"文件"→"新建",然后单击"窗口"→"属性"菜单项,将文件的大小设置为 785×200 像素,同时将显示比例设定为 75%。

步骤 2　创建新元件存放动画字体。

单击"插入"→"新建元件"菜单项,在打开的对话框中选择创建"图形"类型,同时输入新元件的名称。为了方便记忆,可以将新元件的名称与动画字符同名。例如,动画字符为"计",则该元件的名字也称为"计",这样在打开库文件时可一目了然。

单击"窗口"→"工具",在工具窗口选择文字工具 T,在新元件的"属性"窗口,设置其字体类型为"文鼎特粗宋简",字体大小设置成 80,输入汉字"计"。再单击"插入"→"新建元件"→"创建新建元件"菜单项,输入汉字"算",以后逐一按此方法输入"机"、"基"等其他字符。

步骤 3　打开库文件,将"计"图形拖入图层 1 之中。

单击"窗口"→"库"菜单项,打开库文件,单击库中的"计"图形,同时用鼠标按住,将"计"拖入图层 1,如图 5.32 和图 5.33 所示。

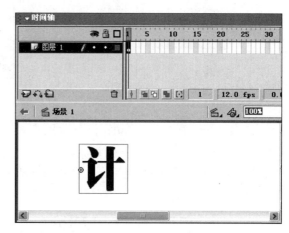

图 5.32　打开库文件　　　　　　　　　　　图 5.33　将"计"拖入图层 1

步骤 4　添加图层。将库中的图形"算",拖入到图层 2 之中。再添加图层。将库中的图形"机",拖入到图层 3 之中。重复以上操作,直至将库中的图形"程",拖入到图层 9之中,如图 5.34 所示。

图 5.34　将各个字符分别拖入不同图层

步骤 5　拖动鼠标将 9 个字符全部选定,单击"修改"→"对齐"→"底对齐"菜单项。再单击"修改"→"对齐"→"按宽度均匀分布"菜单项,使拖入的图形字符底对齐、按宽度均匀分布,如图 5.35 所示。

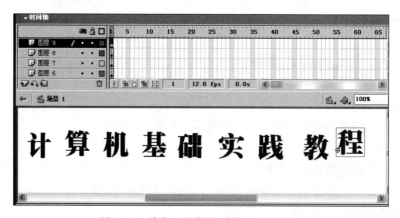

图 5.35　对齐排序后的图形字符

步骤6　给形状字符上多彩色。

在 Flash CS4 中给字符上单色的方法是：双击该字符进入编辑状态，然后就可以通过颜色盘来改变该字符的颜色。

给字符上多彩色的方法是：全选图形字符后，按 Ctrl＋B 组合键两次，将字符"打碎"（字符打碎后从"图形"字符转变为"形状"字符）。单击"窗口"→"颜色"菜单项，打开"颜色"窗口，单击"类型"选择某一种"放射状"，此时字符的颜色会发生改变，同时根据自己的需要在"颜色"窗口中进行调色，如图 5.36 和图 5.37 所示。

计 算 机 基 础 实 践 教 程

图 5.36　选择渐变色后的图形字符

步骤7　把"形状"字符转换为"元件"（即图形）。

说明：在本实验中将把"形状"字符转换为图形，目的是为了使用"属性"→"样式"→"Alpha"这项功能，同时也练习了如何将"形状"转换为"元件"。

把"形状"字符转换为"元件"（即图形）方法是：使用"箭头工具"选定"形状"字符"计"。右击该字符，在弹出的菜单中选择功能"转换为元件"。在"转换为元件"对话框上选择"图形"，并输入名称"计 1"，然后"确定"。此时在库文件中增加了一个新元件"计 1"，如图 5.38 所示。

图 5.37　使用"颜色"进行调色

图 5.38　把"形状"字符转换为"元件"图形

按以上方法逐一将每个"形状"字符转换为"元件"。

步骤8　设计图形字符的动画"飘动的多彩字"。

（1）选定第一个字符"计"，分别右击图层 1 的第 6 帧、第 16 帧、第 55 帧，同时在弹出的菜单上选择"插入关键帧"。

（2）重新选择当前帧为图层 1 的第 6 帧，并单击"场景 1"中的"计"，如图 5.39 所示。

（3）将"计"拖动到左上脚，单击"修改"→"变形"→"缩放与旋转"菜单项，在"缩放与旋转"窗口输入缩放 90％，旋转 180 度，如图 5.40 所示。

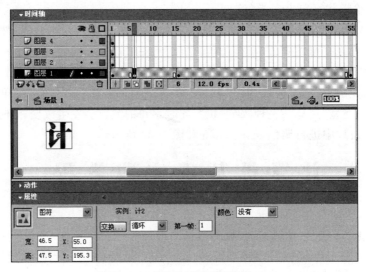

图 5.39　字符"计"的"属性"窗口

图 5.40　"缩放与旋转"窗口

（4）在"属性"窗口设置"Alpha"值为 0%。这样字符开始时是透明的，即是不可见的。

（5）右击图层 1 的第 6 帧，在弹出窗口中设置"创建传统补间"，如图 5.41 所示。

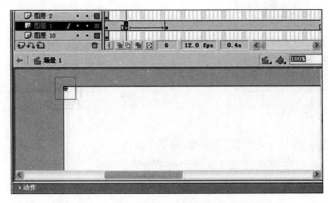

图 5.41　在弹出窗口中设置"创建传统补间"

（6）重复（1），选定第二个字符"算"，分别右键单击图层 2 的第 10 帧、第 20 帧、第 55 帧，在弹出的菜单上选择"插入关键帧"，其他操作同（2）～（5）；直至最后一个字符。注意,每层中的帧递增4,最后第55帧不变。

(7) 在当前层为第一层时,添加新图层10,并拖动图层10与图层1交换位置,使图层10位于最下层,同时参照"图形图像尺寸、类型的设定与改变"选择一幅合适的图像作为背景,并在背景层的第55帧处添加帧。

(8) 按Ctrl+Enter组合键测试动画效果,动画效果如图5.42所示。

图5.42 矢量彩色变形动画

任务5.2.2 沿轨迹运动的标题

任务描述

采用沿轨迹运动的方式设计网页标题动画。

操作步骤

步骤1 创建动画文件,设置窗口尺寸为785×200像素。

单击"文件"→"新建",单击"窗口"→"属性"菜单项,将文件的大小设置为785×200像素,同时将显示比例设定为70%,选择"文件"→"保存"命令,文件名为"沿轨迹运动的标题"。

步骤2 打开任务5.2.1"飘动的多彩字"源程序。

单击"窗口"→"库"菜单项,将"飘动的多彩字"的库文件打开(为引用已建好的多彩字作准备),同时打开"沿轨迹运动的标题"文件的库,将两个库文件并列,如图5.43所示。

图5.43 将两个文件的库并列

步骤3 把任务5.2.1"飘动的多彩字"库中的多彩字"计算机基础实践教程",逐一拖入任务5.2.2"沿轨迹运动的标题"库中(包括背景图),如图5.44所示。

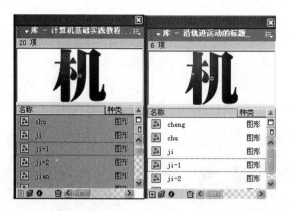

图 5.44　将"计算机基础实践教程"拖入任务 5.2.2 的库中

步骤 4　右击"图层 1",在弹出的菜单项上选择"属性",在"属性"窗口把图层名称改名为"背景",然后将库中(背景)位图拖入,如图 5.45 所示。

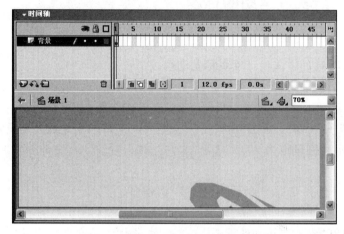

图 5.45　设定图层名称,加入背景图像

步骤 5　新建图层"计",并将库中的元件"计"拖入图层,如图 5.46 所示。

步骤 6　按步骤 5 将"算机基础实践教程",逐一拖入到各个新建的图层之中,如图 5.47 所示。

步骤 7　创建"引导层"。

注意,创建时只对当前层有效,因为需要 9 个字符在同一轨迹上运动,所以要将其他 8 个图层分别拖入"引导层"下,确认该"引导层"为 9 个层公用,如图 5.48 所示。

步骤 8　关闭 9 个文字层的显示,在工具栏上选择"铅笔工具"→在"选项"中选择"平

图 5.46　新建图层加入元件"计"

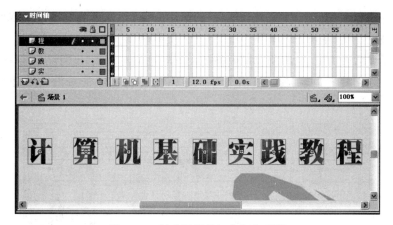

图 5.47　新建图层并加入各个元件

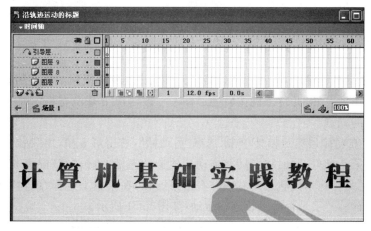

图 5.48　9 个图层公用一个"引导层"

滑"方式,笔的颜色设定为深蓝色,在当前层为"引导层"时,绘制标题的运动轨迹。绘制完毕可用"箭头"工具,按住线段的某一点拖动改变线段的形状,如图 5.49 所示。

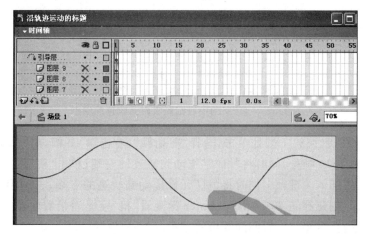

图 5.49　在"引导层"上绘制运动轨迹

步骤 9 分别右击"背景"层、"引导"层的第 100 帧,在弹出的菜单上选择"插入帧";右击"计"层第 50 帧,在弹出的菜单上选择"插入关键帧",同时将"计"元件拖动到轨迹的右端;单击"计"层第 1 帧,同时将"计"元件拖动到轨迹的左端,右击"计"层第 1 帧,在弹出的菜单上选择"创建补间动画",按下 Enter 键观看"计"元件是否沿着轨迹在运动,如图 5.50 所示。

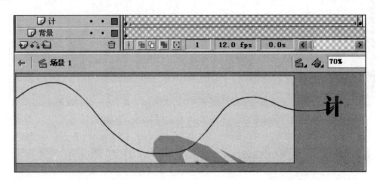

图 5.50 让"计"元件的中心圆圈吸附到轨迹的端点

注意,在拖动到两端时,应注意到让"计"元件的中心圆圈吸附到轨迹的端点。若加上"运动渐变"动作后,"计"元件不能按轨迹运动。一般情况下是没有将"计"元件的中心圆圈吸附到轨迹的端点。

步骤 10 在"算"层第 1 帧处单击,选择"剪切帧",右击第 5 帧,用"粘贴帧"的方法将"算"字粘贴到第 5 帧处,同时将"算"字拖动到轨迹的左端;单击"算"层第 55 帧插入关键帧,同时将"算"元件拖动到轨迹的右端。右击第 5 帧,在菜单上选择"创建补间动画",按下 Enter 键观看"算"字是否沿着轨迹在运动,如图 5.51 所示。

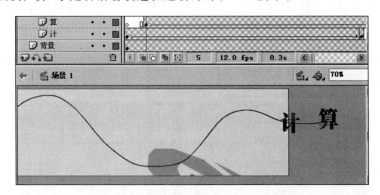

图 5.51 "算"字的中心圆圈吸附到轨迹的端点

步骤 11 在"机"层第 1 帧处单击,选择"剪切帧",右击第 10 帧,用"粘贴帧"的方法将"机"字粘贴到第 10 帧处,同时将"机"字拖动到轨迹的左端;单击"机"层第 60 帧,在弹出的菜单上选择"插入关键帧",同时将"机"元件拖动到轨迹的右端。右击第 10 帧,在弹出的菜单上选择"创建补间动画",按下 Enter 键观看"机"字是否沿着轨迹在运动。按此方法将其他的字符,以每个字符间隔 5 帧的方式,逐一地设置轨迹动画,如图 5.52 所示。

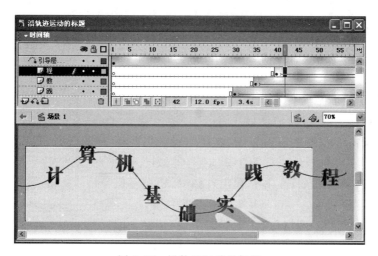

图 5.52 沿轨迹运动的标题

任务 5.2.3 为动画增加声音

任务描述

给 Flash 动画配上一段音频,会使动画变得更加生动。声音在什么时候开始播放、什么时候嘎然而止、怎样为关键帧上的动画配音,是动画配音的关键,对动画的效果具有举足轻重的影响。

操作步骤

步骤 1 打开实验 5.2 中的任务 5.2.2 所建立的 Flash 动画——沿轨迹运动的动画源程序,同时将显示比例设定为 60%,如图 5.53 所示。

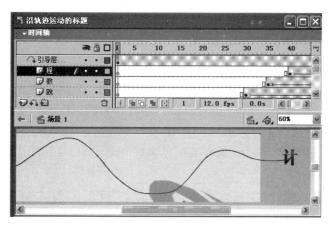

图 5.53 打开沿轨迹运动的标题动画

步骤 2 把声音文件导入到库文件之中。

单击"文件"→"导入到库"菜单项,打开"导入到库"对话框,在工作窗口选择希望导入的声音文件(在 Flash 中可以导入 MP3、WAV 等格式的音频文件)。

步骤 3　单击"窗口"→"库"菜单项,打开库文件。在库中找到导入的音频文件,单击播放声音按钮▶试听声音效果,如图 5.54 所示。

注意,Flash 将音频文件与位图和符号放在一起存放在符号库中。音频会占用很大的硬盘空间和内存。一般来说,最好是用 22 kHz 16 位的单声道音频(立体声将占用两倍以上的空间),Flash 可以导入采样率为 11 kHz、22 kHz、44 kHz 的 8 位或 16 位音频,此外 Flash 在输出音频时,还能降低音频的采样率。

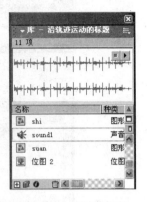

图 5.54　试听音频文件的效果

步骤 4　单击"插入图层"按钮创建新图层,并将该图层命名为"声音"。右击"声音"层的第 5 帧(第 5 帧处是"计"字符动画的开始帧),在弹出的菜单上选择"插入关键帧",作为动画伴音的开始帧,如图 5.55 所示。

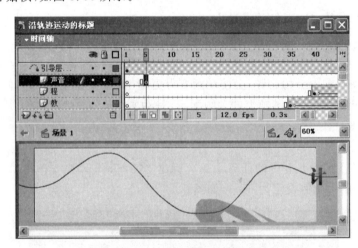

图 5.55　设定音频的开始帧

步骤 5　将库文件中的声音图标拖入到"声音"层的工作窗口,此时可以看到在"声音"层上有音频波纹显示,按 Enter 键可以试听音频效果,如图 5.56 所示。

步骤 6　右击"声音"层的第 87 帧(第 87 帧处是"程"字符动画的结束帧),在弹出的菜单上选择"插入关键帧",作为动画伴音的结束帧。按 Ctrl＋Enter 组合键试听,检查动画与音频的配合效果,如图 5.57 所示。

步骤 7　单击"文件"→"发布设置"菜单项,打开"发布设置"对话框。在工作窗口单击音频流"设置"按钮,打开"声音设置"对话框,在此对话框中可根据需要进行"比特率"、"品质"的设置,如图 5.58 所示。

步骤 8　单击"文件"→"发布预览"菜单项,预览动画与音频的合成效果。

注意:尽量在不同关键帧上使用库中相同的音频文件,并对它们使用各种不同的效果,如音量的大小、循环、淡入淡出等。这样实际上只使用了一个音频文件,能减小文件的大小。

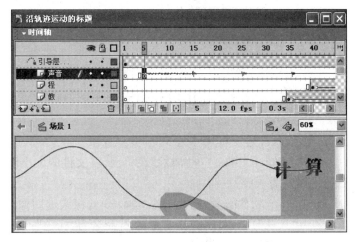

图 5.56　把声音图标拖入"声音"层

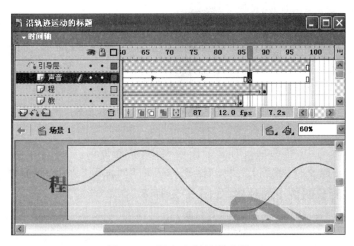

图 5.57　设定音频的结束帧

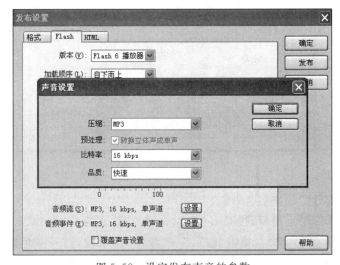

图 5.58　设定发布声音的参数

第 5 章　多媒体技术基础实验

任务 5.2.4 手绘的多彩字

任务描述

设计网页主标题动画,动画要求是具有手绘效果的彩色字动画。

操作步骤

步骤1 创建动画文件,设置窗口尺寸为 800×600 像素。

单击"文件"→"新建",单击"窗口"→"属性"菜单项,将文件的大小设置为 800×600 像素,同时将显示比例设定为 40%。

步骤2 通过 Photoshop 软件查看、修改一幅 800×600 像素的图像,作为背景图像,并导入到图层 1(命名为"背景")之中;同时创建图层 2,命名为"标题";创建图层 3 命名为"笔",从素材库中导入图像"笔"元件到库之中。

步骤3 创建新元件存放动画字体。

单击"插入"→"新建元件"菜单项,在打开的对话框中,选择类型为:图形,同时输入新元件的名称。为了方便记忆,可以将新元件的名称与动画字符同名。例如,动画字符为"设"则该元件的名字也称为"设",这样在打开库文件时一目了然。

单击工具栏中的文字工具 T,同时打开"属性"窗口,设置字符系列为"汉鼎简行楷",字体大小设置成 300,输入字体"设"。单击"插入"→"新建元件"菜单项,创建图形元件,输入字体"计"。

注意:字体的尺寸、颜色应该与背景图的大小、颜色协调。

步骤4 打开库文件,将"设"、"计"图形拖入图层"标题"之中,同时要注意"设计"字体的对齐以及在背景图像中的位置,如图 5.59 所示。

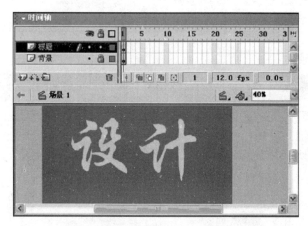

图 5.59 将"设"、"计"图形拖入图层"标题"之中

步骤5 给"设计"字符上多彩色。

方法是:全选图形字符后,按 Ctrl+B 组合键两次,将字符"打碎"(字符打碎后从"图形"字符转变为"形状"字符)。单击"窗口"→"颜色"菜单项,打开颜色窗口。单击"工具栏"上"类型"工具。在色板上选择某一种"线性渐变色",此时字符的颜色会发生改变,同

—————— 大学计算机应用基础实验教程(第 3 版)

时根据自己的需要在"颜色"窗口进行调色,如图 5.60 和图 5.61 所示。

图 5.60　颜色窗口

图 5.61　给"设计"字符上多彩色

步骤 6　单击"添加运动引导层"按钮创建引导层,同时在工具栏上选择"铅笔工具",在"选项"中选择"平滑"方式,笔的颜色设定为红色。在当前层为"引导层"时,绘制标题的运动轨迹。绘制完毕也可选用"箭头"工具,按住线段的某一点拖动来改变线段的形状,如图 5.62 所示。

图 5.62　创建"设计"字符的引导层

步骤 7　在"背景"层、"标题"层、"引导"层第 150 帧处按快捷键 F5,把效果延续到 150 帧处。

步骤 8　单击"笔"层的第 1 帧,把库中的"笔"图形拖到工作区中。单击"箭头工具",在保持"笔"被选中的状态下,单击"修改"→"变形"→"缩放"菜单项,调整它的大小。

步骤 9　在"笔"层第一帧处单击,将"笔"尖中心吸附到路径的开始端。单击"笔"层的第 150 帧并插入帧,将"笔"尖中心吸附到路径结束端。右击"笔"层第一帧,弹出快捷菜单选择"创建传统补间"项,在第 1 帧到第 150 帧之间产生一条淡蓝色的带箭头的线,如图 5.63 所示。

图 5.63　选择"创建补间动画"

步骤 10　以一个拐点为 5～7 帧长度计算,可将整个动画部分分为 24～26 步。选中"笔尖"以 5～7 帧为一段,用"箭头工具"在"笔"层上逐一把脱离导轨线的"笔",拖回到相应的导轨线位置。设置完成后,按 Enter 键就可以看到笔顺着导轨线移动,如图 5.64 所示。

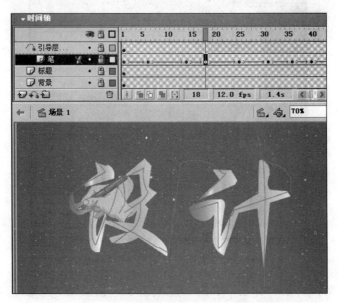

图 5.64　逐一把脱离导轨线的笔拖回到相应的导轨线位置

注意:本步骤操作要细心,拐点设置得越精确动画效果越好。

步骤 11　单击"标题"层使它为当前层,接着单击"新建图层"按钮,创建新图层并将新图层命名为"遮罩";同时将"背景"层、"笔"层、"标题"层锁定,再单击"遮罩"层将它设定为当前层。单击工具栏中的"矩形"工具，在参数栏中设置"无边框"，矩形的颜色设置为淡黄色，在"遮罩"工作区内画一个小方块，如图 5.65 所示。

图 5.65　在"遮罩"工作区内画一个小方块

步骤 12　右击"遮罩"层，在弹出的菜单中，选择"属性"并将"遮罩"层设置为"遮罩层"类型；同样右击"标题"层，在弹出的菜单中，选择"属性"并将"标题"层设置为"被遮罩"类型。单击"遮罩"层，单击"复制"按钮将淡黄色矩形复制到剪贴板。

单击"遮罩"层第 4 帧，插入关键帧，单击"粘贴"按钮将淡黄色矩形粘贴到工作区中，把"笔"移动过的地方遮住。用同样的方法依次单击"遮罩"层的下一帧并设置为关键帧，单击"粘贴"按钮将淡黄色矩形粘贴到工作区中，用"箭头工具"移动淡黄色矩形把笔移动过的地方盖住，如图 5.66 所示。

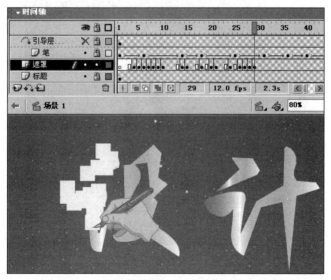

图 5.66　在"遮罩"层逐一把笔移动过的地方盖住

完全覆盖后就完成了手绘多彩字作品。按 Ctrl＋Enter 组合键打开播放器窗口,可以看到随着"笔"的移动写出标题"设计"。

注意:在用淡黄色矩形遮罩过程中,较难操作的是如何将淡黄色矩形刚好盖住字符,既不多覆盖也不少覆盖,需要耐心、仔细,才能得到较好的视觉效果。

实验 5.3 视 频 处 理

视频素材的采集与视频格式的转换是人们在日常工作、学习、生活中经常遇到的问题,完成本实验后能初步解决在 Word、Excel、PowerPoint 与网页制作中,所遇到视频素材的采集与视频格式的转换等问题。

任务 5.3.1 视频片段的截取

任务描述

使用"超级解霸"软件从较长的视频中,截取一段视频,应用于自己的课件之中。

操作步骤

步骤 1 运行"超级解霸"软件,单击"文件"→"打开单个文件"菜单项,在选择窗口选择需要的原始视频文件,然后单击"确定"按钮,如图 5.67 所示。

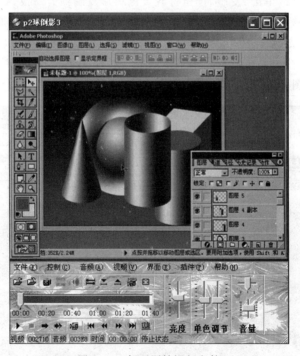

图 5.67 打开原始视频文件

步骤 2　在"超级解霸"工作窗口中，单击"循环/选择录取区域"按钮 ![]，接着单击"播放"按钮。当播放到需要的视频处时，单击"选择开始点"按钮 ![]，得到视频剪辑的开始点，如图 5.68 所示。

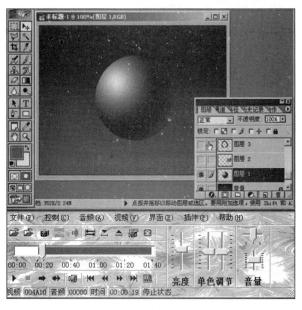

图 5.68　设定剪辑的起始点

步骤 3　当播放到需要的视频结尾处时，单击"选择结束点"按钮 ![]，得到视频剪辑的结束点，如图 5.69 所示。

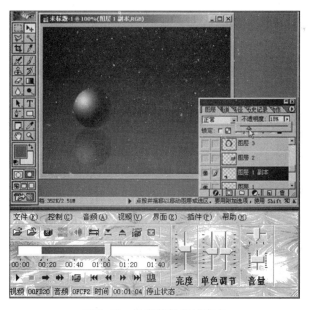

图 5.69　设定剪辑的结束点

步骤4　单击"录像指定区域为 MPEG"按钮 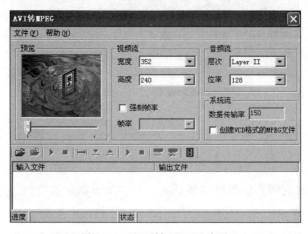，将指定区域的视频剪辑保存为 MPEG 格式的文件。

任务 5.3.2　视频文件格式的转换

任务描述

使用"超级解霸"软件中的工具，将 AVI 格式的视频文件，转换成 MPEG 格式的文件，同时也可以将 MPEG 格式的文件转换成 AVI(MPEG4)格式。

操作步骤

步骤1　单击 Windows"开始"菜单，在"程序"中选择"超级解霸"软件，单击"实用工具"→"常用工具"菜单项，在选择窗口选择"AVI 转 MPEG"，如图 5.70 所示。

图 5.70　AVI 转 MPGE 窗口

步骤2　单击"打开文件"按钮，在"打开"对话框中选择需要转换的视频文件。并右击输出文件，在弹出的菜单上，选择"改变被选文件输出路径"，将转换的文件输出到指定的文件夹中，如图 5.71 所示。

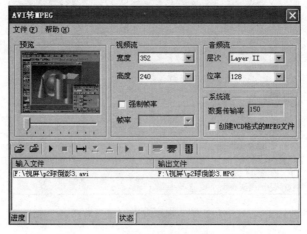

图 5.71　打开转换文件设定输出路径

步骤 3　单击"播放、压缩区域选择"，同时也可以仿照"任务 5.3.1-视频片段的截取"，在工作窗口选择压缩区域，如图 5.72 所示。

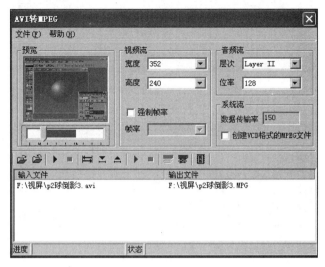

图 5.72　设定压缩区域

步骤 4　单击红色"开始压缩"按钮，等待几分钟便完成了 AVI 视频格式向 MPEG 格式的转换，用同样的操作也能实现 MPEG 视频格式向 AVI(MPEG4)格式的转换。

注意：在格式转换工具中也能实现视频的剪辑，缺点是可观察的视频图像较小。

实验 5.4　音　频　处　理

音频素材的采集与音频格式的转换也是人们在日常工作、学习、生活中经常遇到的问题，完成本实验后能初步解决在 Word、Excel、PowerPoint 与网页制作中，所遇到音频素材的采集与音频格式的转换等问题。

任务 5.4.1　音频的剪辑

任务描述

使用"音频解霸"软件从较长的音频中，截取一段音频，应用于自己的课件之中。

操作步骤

步骤 1　运行"音频解霸"软件，单击"文件"→"打开单个文件"菜单项，在选择窗口选择需要的原始音频文件，然后单击"确定"按钮，如图 5.73 所示。

步骤 2　在"音频解霸"工作窗口，单击"循环/选择录取区域"按钮，接着单击"播放"按钮。当播放到需要的音频处时，单击"选择开始点"按钮，得到音频剪辑的开始点，如图 5.74 所示。

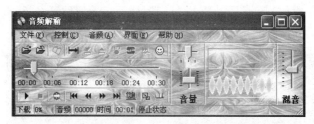

图 5.73　打开原始音频文件

图 5.74　设定音频剪辑的起始点

步骤 3　当播放到需要的音频结尾处时,单击"选择结束点"按钮 ⏏,得到音频剪辑的结束点,如图 5.75 所示。

图 5.75　设定音频剪辑的结束点

步骤 4　单击"压缩录音"按钮 ,将指定区域的音频剪辑保存为 MP3 格式的文件。

任务 5.4.2　音频文件格式的转换

任务描述

使用"超级解霸"软件中的音频工具,将 WAV 格式的音频文件,转换成 MP3 格式的文件,同时也可以将 MP3 格式的文件转换成 WAV 格式。

操作步骤

步骤 1　单击 Windows 的"开始"按钮,在"程序"中选择"超级解霸"软件,然后单击"实用工具"→"音频工具"菜单项,在选择窗口选择"MP3 格式转器",如图 5.76 所示。

步骤 2　单击"添加文件"按钮,在"打开文件"对话框中选择需要转换的音频文件(以 WAV 格式转换为 MP3 格式为例),并右击"设置(C)"按钮。在弹出的"MP3 设置"窗口上,单击"浏览"按钮,将转换的文件输出到指定的文件夹中(同时也可以进行频率、位率的设置),如图 5.77 所示。

大学计算机应用基础实验教程(第 3 版)

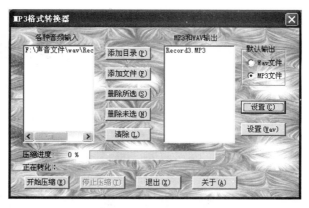

图 5.76　MP3 格式转器窗口

图 5.77　打开音频文件,设定转换参数与输出路径

步骤 3　设置完毕后,单击"确定"按钮返回"MP3 格式转换器"界面。单击"开始压缩"按钮,便可完成音频格式的转换,如图 5.78 所示。

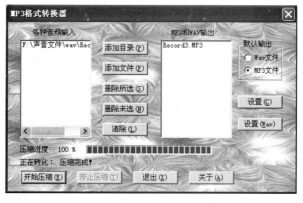

图 5.78　压缩完成界面

注意:用同样的操作方法也能实现 MP3 音频格式向 WAV 格式的转换。

第 6 章 演示文稿制作实验

知 识 要 览

PowerPoint 是微软公司出品的 Office 系列办公软件中的一个组件,是一个功能强大的演示文稿制作软件。利用 PowerPoint,我们能够制作集文字、图形、图像、声音以及视频剪辑等多媒体元素于一体的演示文稿,如演讲稿、电子教案、贺卡、相册等等,满足各种场合下进行信息交流的需要。演示文稿不仅能在计算机上进行演示,也可以把它们打印出来,制作成标准的幻灯片,用于投影显示,并可以利用互联网特性,在网上发布。

PowerPoint 提供了窗口选项卡、命令按钮以及操作提示等多种友好的界面特性,十分便于用户使用。

通过学习,读者应该掌握如下知识点:

- 幻灯片的制作和保存。
- 输入和编辑文本,绘制图形,插入文本框、图片、声音和艺术字。
- 认识主题、母版和模板,使用幻灯片母版,应用主题,选择与编辑模板。
- 利用超链接组织演示文稿的内容,制作具有交互功能的演示文稿。
- 动画效果的制作,播放效果的设置,演示文稿的放映。
- 通过转换文件格式,打包演示文稿,使演示文稿适应不同的播放环境。

本章共安排 3 个实验(包括 11 个任务)来帮助读者进一步掌握并巩固学过的知识,强化实际动手的能力。

实验 6.1 演示文稿的基本操作及布局

本实验的目的是学会利用模板来创建演示文稿。并通过版式设计插入文本框、图片、表格、制作艺术字和利用"绘图"等工具来制作幻灯片的具体内容。实验结果如图 6.1～图 6.6 所示。

图 6.1　第 1 张幻灯片

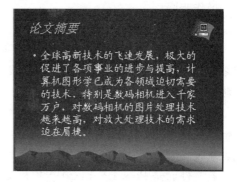

图 6.2　第 2 张幻灯片

图 6.3　第 3 张幻灯片

图 6.4　第 4 张幻灯片

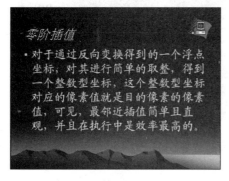

图 6.5　第 5 张幻灯片

图 6.6　第 6 张幻灯片

任务 6.1.1　论文答辩文稿的布局

任务描述

下载模板文件 Mountain Top. potx,使用该模板新建一空演示文稿,依次建立 6 张幻灯片,其中第 1 张套用"标题幻灯片"版式,第 2、第 3、第 5 张套用"标题和内容"版式,第 4、第 6 张套用"空白"版式。

操作步骤

步骤1　下载演示文稿模板。

从网上下载 Mountain Top 演示文稿模板,若扩展名为.pot,则是 PowerPoint 2003 或之前版本的演示文稿模板,需要转换成扩展名为.potx 的 PowerPoint 2010 模板文件。方法是:

打开 Mountain Top.pot 文件,单击"文件"选项卡→"另存为"按钮,打开"另存为"对话框。在该对话框的"保存类型"中选择"PowerPoint 模板",文件名不变,保存位置为系统默认位置(即后面将使用的"我的模板"位置)。

若文件已是 PowerPoint 2010 模板文件,则将文件存放在实验文件夹"实验6"中。

步骤2　创建空演示文稿。

方法1:直接打开存放在文件夹"实验6"中名为"Mountain Top.potx"的演示文稿模板文件,打开如图6.7所示"演示文稿1"窗口。

图6.7　"演示文稿1"窗口

方法2:启动 PowerPoint,打开"演示文稿1"窗口,此时,"演示文稿1"默认为一空白演示文稿。单击"文件"选项卡→"新建"组→"我的模板"图标,打开如图6.8所示"新建演示文稿"对话框之个人模板。在该对话框中选中前面已保存的同名模板,单击"确定"按钮。返回后的演示文稿窗口与图6.7一样。注意此时演示文稿默认名为"演示文稿2"。

无论方法1或方法2,都将随即建立第一张幻灯片。

步骤3　添加幻灯片。

(1)单击"开始"选项卡"幻灯片"组中的"新建幻灯片"按钮 ，添加第2张幻灯片,默认为"标题和内容"版式。按相同方法添加第3张幻灯片。

———————— 大学计算机应用基础实验教程(第3版)

图 6.8 "新建演示文稿"对话框之个人模板

（2）单击"开始"选项卡"幻灯片"组中的"新建幻灯片"按钮下拉箭头，展开如图 6.9 所示"幻灯片版式"列表，选择"空白"版式，添加第 4 张幻灯片。

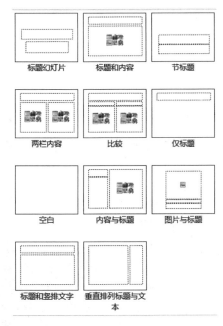

图 6.9 "幻灯片版式"列表

（3）按添加第 4 张幻灯片的方法，分别添加第 5、第 6 张幻灯片。

任务 6.1.2 论文答辩文稿内容的添加

任务描述

在第一张幻灯片的主标题和副标题中输入文本。在第 2、第 3、第 5 张幻灯片中输入标题和正文内容。在第 4 张幻灯片中插入两个文本框,分别输入相关内容,并插入图片。在第 6 张幻灯片中插入艺术字和剪贴画。

操作步骤

步骤 1　完成文字输入。

（1）在左侧大纲窗格中单击序号为 1 的幻灯片缩略图,即选择第 1 张幻灯片。单击标题占位符区域,输入文字"数码相机中的图像放大算法浅谈",再单击副标题占位符区域,输入文字"计算机专业 990 班 张--"。

（2）在大纲窗格中单击第 2 张幻灯片,单击标题占位符区域,输入文字"论文摘要",单击文本占位符区域,输入下列内容:

全球高新技术的飞速发展,极大地促进了各项事业的进步与提高,计算机图形学已成为各领域迫切需要的技术,特别是数码相机进入千家万户,对数码相机的图片处理技术越来越高,对放大处理技术的需求迫在眉睫。

（3）切换到第 3 张幻灯片,单击标题占位符区域,输入文字"图像放大技术"。单击文本占位符区域,输入下列内容:

相关概念

位（Bit）

分辨率（Resolution）

图像放大的有关技术

线性复制方法

Genuine Fractals

（4）切换到第 4 张幻灯片,单击"插入"选项卡→"文本"组→"文本框"按钮[A],将鼠标指针放在合适的位置上,拖动鼠标,出现文本框,在其中输入文字:

插值算法简介

——最邻近插值

结果如图 6.10 中左图所示。单击"文本框"按钮下方的"文本框"命令,在展开的命令项中,单击"竖排文本框"命令。将鼠标指针放在幻灯片中合适的位置上,拖动鼠标,出现文本框,在其中输入文字"图像放大技术"。结果如图 6.10 中右图所示。

（5）切换到第 5 张幻灯片,单击标题占位符区域,输入"零阶插值",单击正文文本占位符区域,输入下列内容:

对于通过反向变换得到的一个浮点坐标,对其进行简单的取整,得到一个整数型坐标,这个整数型坐标对应的像素值就是目的像素的像素值,可见,最邻近插值简单且直观,并且在执行中是效率最高的。

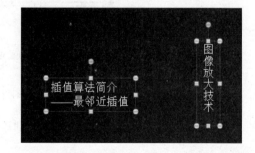

图 6.10　横排文本框和竖排文本框中输入文字

步骤 2　插入图片。

切换到第四张幻灯片,单击"插入"选项卡→"图像"组→"图片"按钮,打开"插入图

　大学计算机应用基础实验教程(第 3 版)

片"对话框,选择如图 6.11 所示外部图片文件 flower.png。单击"插入"按钮,完成插入图片操作。

步骤 3　设置艺术字。

(1) 插入艺术字。切换到第 6 张幻灯片,单击"插入"选项卡→"文本"组→"艺术字"按钮 ,展开如图 6.12 所示艺术字样式列表。在该列表中移动鼠标,单击名为"填充-白色,投影"的艺术字样式。此时,幻灯片中将出现包含该艺术字样式文字"请在此处放置您的文字"的文本框,并且"绘图工具"、"格式"选项卡被激活。

图 6.11　外部图片 flower.png

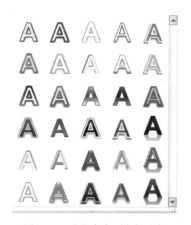

图 6.12　"艺术字"样式列表

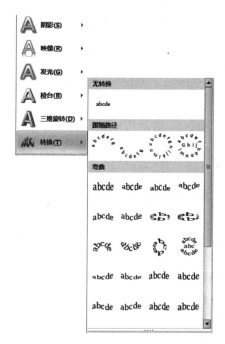

图 6.13　"文字效果"列表和"转换"效果列表

(2) 设置艺术字效果。单击"格式"选项卡→"艺术字样式"组→"文本效果"按钮,展开"文字效果"列表。在该列表中,单击如图 6.13 所示"转换"命令,展开"转换"效果列表。选择"弯曲"栏目中的"倒 V 形"效果。最后,将文本"请在此处放置您的文字"更改为"谢谢各位老师的指导"。完成本步骤操作。

步骤 4　插入剪贴画。

单击"插入"选项卡→"图像"组→"剪贴画"按钮,打开"剪贴画"窗格。在该窗格中的"搜索文字"文本框内输入关键字"建筑物",勾选"包括 Office.com 内容"选项,在"结果类型"下拉列表中勾选"插图"选项。然后,单击"搜索"按钮。窗格的浏览列表中将显示搜索结果,如图 6.14 所示。在列表中移动滚动条,选择图片"apartment buildings,…",如图 6.15 所示,双击该图片或通过快捷菜单完成插入剪贴画的操作。

图 6.14　"剪贴画"窗格

图 6.15　剪贴画"apartment buildings"

任务 6.1.3　论文答辩文稿内容修饰

任务描述

改变第 3 张幻灯片中的文字"位（Bit）"、"分辨率（Resolution）"、"线性复制方法"、"Genuine Fractals"的格式级别。设置第 4 张幻灯片中文本框文字，并画出装饰性线条。将演示文稿取名为"论文答辩稿"进行保存。

操作步骤

步骤 1　文本格式降级。

将幻灯片视图切换为大纲视图。在大纲窗格选中第 3 张幻灯片。在该幻灯片中分别选取文字"位（Bit）"、"分辨率（Resolution）"和"线性复制方法"、"Genuine Fractals"。右击，在弹出的快捷菜单中单击"降级"命令。

步骤 2　文本修饰。

（1）设置文字大小。打开第 4 张幻灯片，选中文本框"插值算法简介——最邻近插值"文字，设置"字号"为 36，将竖排文本框"图像放大技术"文字"字号"设置为 44。

（2）画装饰性线条。单击"开始"选项卡→"绘图"组→"形状"按钮，展开"形状"列表。在该列表中单击"线条"栏内的"直线"图标＼，将鼠标移至合适位置，按住鼠标左键，往下拖曳出一条直线。参照图 6.16，用同样的方法再画两条直线，并调整幻灯片上内容的版面布局。

图 6.16　完成后的第 4 张幻灯片（局部）

步骤 3　保存文件。

单击"文件"选项卡→"保存"按钮，或单击窗口标题栏上的"快速访问工具栏"中"保存"按钮。打开"另存为"对话框,单击"保存位置"列表框按钮,选择文档的保存位置为实验文件夹"实验6"。在"文件名"文本框中输入"论文答辩文稿"。单击"保存"按钮,完成操作。

任务 6.1.4　论文答辩文稿风格的确立

任务描述

修改幻灯片母版,将标题样式设置为倾斜,并在母版的右上角插入剪贴画。将更改后的母版保存为模版文件"Computer.potx"。更改幻灯片主题为"凤舞九天"。修改主题配色。将背景颜色设置为纹理。

操作步骤

步骤1　修改幻灯片母版。

(1)进入"幻灯片母版"视图。单击"视图"选项卡→"母版视图"组→"幻灯片母版"按钮,演示文稿幻灯片视图切换成幻灯片母版视图,"幻灯片母版"选项卡被激活。进入如图6.17所示幻灯片母版视图状态。注意,大纲窗格内,缩略图较大的母版为主母版,其余为子母版。编号1表示为第1套母版(一个演示文稿允许多套母版)。

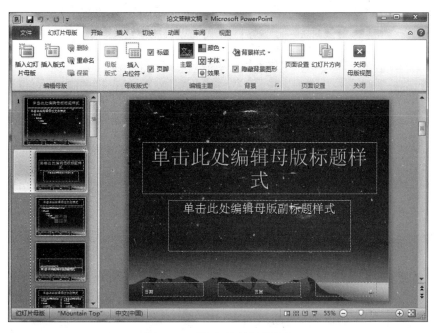

图6.17　"幻灯片母版"视图

(2)修改标题文字为倾斜。选中幻灯片主母版的标题占位符,单击"开始"选项卡→"字体"组→"倾斜"按钮,或直接按下 Ctrl+I 键。用同样的方法,修改标题幻灯片母版的主标题。

(3)插入图片。按前面插入剪贴画的方法,在"剪贴画"窗格以"计算机"为关键字搜索,选择名为"computers,computing,PCs…"的剪贴画插入,调整图片大小,将图片移到母版的右上角。单击主窗口左下角的视图切换按钮"幻灯片浏览",此时除了标题幻灯片之外,所有幻灯片上都出现了剪贴画,且所有的标题都成斜体。

(4)保存为模板文件。单击"保存"按钮,保存当前文件。然后按前面任务1中保存模板的方法,将当前母版"另存为"名为"Computer"的演示文稿模板文件,存放在系统默认的Templates文件夹中。

步骤2 应用主题。

(1)保存当前主题。打开"论文答辩文稿"文件,单击"设计"选项卡→"主题"组→"其他"下拉箭头 ,展开如图6.18所示"所有主题"列表。在该列表中,单击"保存当前主题"命令,打开"保存当前主题"对话框。在该对话框中,选择保存的文件名为"sy6主题1",保存类型为"Office Theme"。单击"保存"按钮,完成本操作。

图6.18 "保存当前主题"对话框

新建一空白演示文稿,比较使用先前建立的"Computer"模板和应用"sy6主题1"的不同。

(2)更改主题。按上面提示的方法展开"所有主题"列表,在该列表中移动鼠标,选中某主题,当前演示文稿将呈现应用该主题的预览结果。单击名为"凤舞九天"的主题,当前演示文稿将显示如图6.19所示效果。

若右击该主题,选择"应用于选定幻灯片"命令,此时,切换视图为"幻灯片母版",观察变化。注意,应用主题也将更换或添加幻灯片母版。

步骤3 修改主题颜色方案。

(1)选择预定义颜色方案。单击"设计"选项卡→"主题"组→"颜色"按钮,展开"主题配色"列表。在该列表"内置"栏中,单击"华丽"配色方案选项,观察效果。

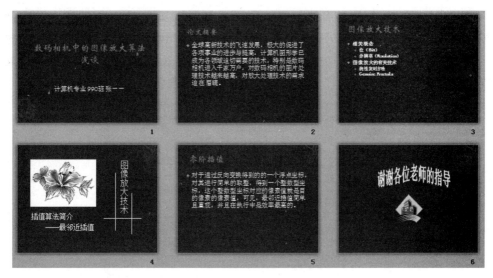

图 6.19 应用"凤舞九天"主题效果

（2）新建主题颜色。单击"主题配色"列表中"新建主题颜色"命令，打开如图 6.21 所示"新建主题颜色"对话框。在该对话框中，试着改变各项颜色设置，观察幻灯片的变化。

步骤 4 设置背景格式。

（1）打开"设置背景格式"对话框。单击"设计"选项卡→"背景"组→"背景样式"按钮，展开"背景样式"列表。在该列表中已列出了当前主题预设的背景样式。单击列表中"设置背景格式"命令，或右击幻灯片空白区域，选中快捷菜单"设置背景格式"命令。打开"设置背景格式"对话框。

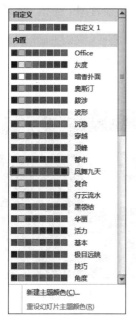

图 6.20 "主题配色"列表

图 6.21 "新建主题颜色"对话框

（2）在对话框中，选中"图片或纹理填充"单选按钮，结果如图 6.22 所示。再单击"纹理"下拉列表框，展开"纹理"下拉列表，选中"绿色大理石"纹理。单击"关闭"按钮。若没有显示纹理背景，注意勾选对话框上的"隐藏背景图形"复选框，或勾选"背景"组中的同名复选框。此时，当前选中的幻灯片呈现如图 6.24 所示纹理背景。

图 6.22 "设置背景格式"对话框

若前面不是单击"关闭"按钮，而是单击图 6.22"全部应用"按钮，观察幻灯片不同效果。在应用背景格式后，再在图 6.22 所示对话框中，单击"重置背景"按钮，结果又是如何？

图 6.23 "纹理"下拉列表

图 6.24 纹理背景效果

大学计算机应用基础实验教程(第 3 版)

实验 6.2 播放效果的设置

本实验的目的是掌握在演示文稿内设置超链接的方法，更好地组织演示文稿的内容。掌握插入多媒体对象，为幻灯片上的对象设置美妙的动画效果，让它们按照一定的出场顺序以特殊的方式在屏幕上出现，使演示文稿真正成为一个具有多媒体效果的艺术作品。

任务 6.2.1 专辑介绍文稿动画效果的实现

任务描述
从网站下载并打开演示文稿，设置幻灯片中对象的动画特效和计时方式，设置动画的播放次序以及幻灯片的切换效果。

操作步骤
步骤 1 设置动画效果。

（1）从大学计算机基础教学网站下载相应的素材，并打开演示文稿，如图 6.25 所示。

图 6.25 专辑介绍文稿

（2）切换到第 3 张幻灯片，单击幻灯片中的"图片"，然后按住 Ctrl 键同时单击文字"贝多芬"（同时选中图片及标题）。再选择"动画"选项卡→"动画"组→"其他"下拉箭头，展开"动画样式"列表。

列表中没有所要求的"进入"类动画样式，单击列表中"更多进入效果"命令，打开"更改进入效果"对话框。移动滚动条，找到"螺旋飞入"动画样式，如图 6.26 所示。单击"确定"按钮。

再次选中文字"贝多芬",单击"动画"选项卡→"高级动画"组→"添加动画"按钮,展开"动画样式"列表。选择"强调"类中的"放大/缩小"动画样式。用同样的方法给图片右侧文本设定"放大/缩小"动画样式。

（3）单击"高级动画"组→"动画窗格"按钮,展开"动画窗格"。在该窗格中会显示设定动画的对象及序号。单击窗格中"图片 1"右边下拉箭头,在展开的列表中选择"从上一项之后开始",如图 6.27 所示。再单击"计时"命令,打开"螺旋飞入"效果选项对话框之"计时"选项卡,设定计时选项。单击窗格底部"重新排序"栏中向上移动箭头按钮,将该对象的动画顺序安排在第一位。

图 6.26 "更改进入效果"对话框

图 6.27 "动画窗格"

单击序号 3（即图片右侧文本框对象）右边下拉箭头,选择"效果选项"命令,打开如图 6.28 所示"放大/缩小"效果选项对话框。在该对话框"设置"栏"尺寸"下拉列表框中选择"自定义",数值为 120%。"增强"栏"声音"下拉列表中,找到"打字机",作为声音效果。单击"确定"按钮。

（4）切换到第 4 张幻灯片,选中图片对象。在"动画"组"动画样式"列表中,选择"进入"类的"飞入"样式。单击同一组中的"效果选项"按钮,在展开的"效果选项"之"方向"列表中选择"自右侧"。

（5）切换到第 5 张幻灯片,选中图片对象。按前面介绍的方法,在图 6.26 中"更改进入效果"对话框中,选择"切入"动

图 6.28 "放大/缩小"效果选项对话框

画样式。单击"效果选项"按钮,在展开的"效果选项"之"方向"列表中选择"自底部"。

步骤2 设置切换效果。

（1）单击演示文稿窗口右下角"幻灯片浏览"视图按钮,进入幻灯片浏览视图。选中第1张幻灯片。单击"切换"选项卡"切换到此幻灯片"组→"其他"下拉箭头,展开"切换方案"列表。在该列表中,选择"淡出"切换方案。然后再单击列表右侧的"效果选项"按钮,在展开列表选项中选择"全黑"效果。

（2）设置"计时"选项。在如图6.29所示的"切换"选项卡之"计时"组中,设置"持续时间"为1秒钟。其余均为默认值。

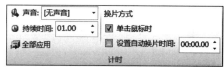

图6.29 "切换"选项卡之"计时"组

用同样的方法,给其他的幻灯片设置不同的切换效果。若单击图6.29中的"全部应用",则所有幻灯片切换使用同一种设置。

任务6.2.2 专辑介绍文稿背景音乐的设置

任务描述

在第一张幻灯片中插入声音文件。要求播放幻灯片时,音乐自动播放,并且循环播放,不会随着幻灯片的切换而停止,即实现背景音乐。

操作步骤

步骤1 插入声音。

（1）在幻灯片视图中选择第一张幻灯片,单击"插入"选项卡→"媒体"组→"音频"按钮,或单击"音频"按钮下拉箭头,在展开的下拉列表中选择"文件中的声音"命令,打开如图6.30所示"插入声音"对话框。

图6.30 "插入声音"对话框

（2）在该对话框中找出要插入的音频文件,单击"插入"按钮,幻灯片上出现音频图标和播放控制条。此时,"音频工具"被激活。其中,"播放"选项卡如图6.31所示。

图 6.31 "播放"选项卡

注意：单击"插入"按钮下拉箭头，可以选择插入方式，其中默认"插入"为在幻灯片中嵌入音频文件，而"链接到文件"则通过超链接方式播放。请观察两种方式对演示文稿文件的影响。

步骤 2 设置背景音效。

(1) 选中幻灯片中的声频图标，在如图 6.31 所示"播放"选项卡的"音频选项"组"开始"下拉列表中，选择"跨幻灯片播放"，并勾选"放映时隐藏"和"循环播放，直到停止"复选框。

(2) 继续设置"编辑"组选项，将"淡入"、"淡出"均设置为 1.5 秒。

(3) 单击"动画"选项卡"高级动画"组右下角"显示其他效果选项"按钮，打开"播放音频"效果选项对话框。在该对话框"效果"选项卡中，按图 6.32 所示设置。在"计时"选项卡中，设置"开始"为"与上一动画同时"。最后单击"确定"按钮。

图 6.32 "播放音频"效果选项对话框

至此，完成背景音乐的设置，音乐播放将以渐强开始，渐弱结束，贯穿整个放映过程。

任务 6.2.3 专辑介绍文稿交互功能实现乐曲试听

任务描述

在演示文稿内设置超链接，实现幻灯片之间的跳转。设置演示文稿与外部文件的超链接，实现乐曲试听。

操作步骤

步骤1 设置幻灯片之间的跳转。

（1）切换到第2张幻灯片,选取文字"贝多芬"。单击"插入"选项卡→"链接"组→"动作"按钮,打开如图 6.33 所示"动作设置"对话框。

（2）在该对话框中选择"超链接到"单选按钮,并打开此选项下方的下拉列表框,选择"幻灯片..."项,如图 6.33 所示。此时单击"确定"按钮即可打开"超链接到幻灯片"对话框。

（3）在该对话框中,如图 6.34 所示选择"3.贝多芬",然后单击"确定"按钮。

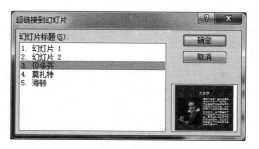

图 6.33 "动作设置"对话框   图 6.34 "超链接到幻灯片"对话框

（4）采用上述方法,将该幻灯片中的文字"莫扎特"、"海顿"分别超链接到第 4 张幻灯片和第 5 张幻灯片。

步骤2 超链接到文件。

（1）继续选取第2张幻灯片,选中文字"月光奏鸣曲(升C小调作品第27号之2)",按上述方法打开"动作设置"对话框。在该对话框中单击"超链接到"选项,打开"超链接到"选项下方的列表框,从中选择"其他文件..."项,打开"超链接到其他文件"对话框。

（2）该对话框与图 6.30"插入音频"非常相似。在文件列表栏目中找到所要插入的声音文件(月光奏鸣曲.mp3),单击"打开"按钮。

（3）采用相同的设置方法,将该幻灯片中的文字"第5交响乐第一乐章"、"摇篮曲"、"横笛协奏曲1号"、"小号协奏曲"、"小夜曲"分别链接到外部音频文件"第5交响乐第一乐章.mp3"、"摇篮曲.wma"、"横笛协奏曲1号.wma"、"小号协奏曲.wma"、"小夜曲.wma"。

任务 6.2.4 专辑介绍文稿的自动播放

任务描述

第1张幻灯片到第5张幻灯片的换页方式设置为"单击鼠标换页",同时还要设置每隔多少时间间隔自动换页的功能。每张幻灯片自动换页的时间间隔分别为 8 秒、10 秒、6 秒、6 秒、6 秒。演示文稿的放映类型设为"循环放映，按 Esc 键终止"。

操作步骤

步骤 1　自动换页方式的设定。

（1）将幻灯片视图方式切换成幻灯片浏览视图方式。选中第一张幻灯片。在如图 6.29 所示的"切换"选项卡之"计时"组"换片方式"栏中，勾选"单击鼠标时"和"设置自动换片时间"复选框，将"设置自动换片时间"设置为"00.00.08"。

（2）按上述方法，选中第 2 张幻灯片。将"设置自动换片时间"设置为"00.00.10"，其他设置相同。

（3）单击第 3 张幻灯片，按住 Shift 键，再单击第 5 张幻灯片，即同时选中了第 3、第 4、第 5 张幻灯片。同样按上述方法，将"设置自动换片时间"设置为"00.00.06"，其他设置相同。

步骤 2　放映类型的设置。

单击"幻灯片放映"选项卡→"设置"组→"设置幻灯片放映"按钮，打开"设置放映方式"对话框。在"放映类型"栏中选择"在展台浏览（全屏幕）"，如图 6.35 所示，单击"确定"按钮，完成设置。

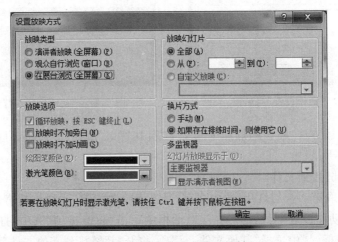

图 6.35　"设置放映方式"对话框

实验 6.3　进 阶 提 高

此实验是对前面知识点的综合，起到了对知识进行复习与巩固的作用。在掌握了这些知识的基础上提出了新的操作：演示文稿的打包及解包，演示文稿文件与网页文件之间的转换，为演示文稿在不同地方的使用和发布做好准备。实验结果见图 6.36～图 6.41。

————————大学计算机应用基础实验教程（第 3 版）

图 6.36　第 1 张幻灯片

图 6.37　第 2 张幻灯片

图 6.38　第 3 张幻灯片

图 6.39　第 4 张幻灯片

图 6.40　第 5 张幻灯片

图 6.41　第 6 张幻灯片

任务 6.3.1　静态个人简历文稿的制作

任务描述

使用"诗情画意"模版。依次建立 6 张幻灯片,其中第 1、第 2、第 3、第 4 张套用"空白"版式,第 5 张、第 6 张套用"标题和内容"版式。参照实验结果,在每张幻灯片中插入文本框、艺术字、剪贴画、表格,输入相应的标题和文字内容,并进行修饰。

操作步骤

步骤 1　建立新演示文稿。

(1) 按实验 6.1 中应用模板创建新"演示文稿"的方法,新建使用"诗情画意"模版的"空演示文稿"。选择第一张幻灯片版式为"空白"。

(2) 利用快捷键 Ctrl＋M,快速添加第 2 张至第 6 张幻灯片。

(3) 在"大纲窗格"选中第 5、第 6 张幻灯片。单击"开始"选项卡"幻灯片"组"版式"按钮,在展开的"版式"列表中选择"标题与内容"版式。

步骤 2　利用文本框进行文字输入。

(1) 切换到第一张幻灯片。单击"开始"选项卡→"绘图"组→"形状"按钮,展开"形状"列表。在该列表中,单击"文本框"图标 ![icon],将鼠标指针移到合适位置拖动鼠标,在画出的文本框中输入"个人简历"。用同样方法,完成该幻灯片中其他文字的输入。

(2) 切换到第 2 张幻灯片。按上述方法,在展开的"形状"列表中,单击"竖排文本框"图标 ![icon],将鼠标指针移动到合适位置拖动,在画出的竖排文本框中输入"个人档案"。

再插入文本框输入下列文字:

姓　　名:杨瑞

性　　别:男

出生年月:1981.8

籍　　贯:浙江杭州

政治面貌:党员

民　　族:汉族

学　　历:大学本科

联系方式:电话:13812345666

　　　　　地址:文一路 122 号

　　　　　E-mail:yangrui@hotmial.com

(3) 切换到第 3 张幻灯片,用同样方法画出文本框,在该文本框中输入下列文字:

我工作踏实,任劳任怨,能及时完成各项工作。

诚实守信,热心待人,勇于挑战自我。

(4) 切换到第 4 张幻灯片,画出竖排文本框。在该竖排文本框中输入"技　术　特长"。用同样的方法画出另一竖排文本框,并输入文字"熟悉电脑操作,有相当好的文字功底,爱好足球。"

步骤 3　插入艺术字。

返回到第 3 张幻灯片,单击"插入"选项卡→"文本"组→"艺术字"按钮。在展开的"艺术字"样式列表中,选择"渐变填充-黑色,轮廓-白色,外部阴影"样式。在"艺术字"文本框中输入文字"自我评价",完成艺术字的插入。

步骤 4　插入图片。

切换至第 4 张幻灯片,单击"插入"选项卡→"图像"组→"图片"按钮,打开"插入图片"对话框。选择外部图片文件"flower.png",单击"打开"按钮。完成图片插入。

步骤5 插入剪贴画。

(1) 切换至第五张幻灯片，即"标题与内容"版式的幻灯片。单击标题占位符区域，输入"获奖情况"，在左侧插入文本框并输入下列文字：

曾三次获专业一等奖学金

曾两次获校三好学生

团文明积极分子

校网页制作比赛第二名

(2) 单击对象占位符中的"剪贴画"图标🔳，打开"剪贴画"窗格。在该窗格"搜索"文本框中输入剪贴画名"candles"，单击"搜索"。在窗格下方将显示"剪贴画"搜索结果列表，双击找到的剪贴画，插入该剪贴画。然后选中插入的剪贴画，拖动缩放至合适大小及位置，完成剪贴画插入操作。

步骤6 插入表格。

切换到第6张幻灯片，单击标题占位符区域，输入"在校所学主要课程和成绩"。单击下方对象占位符中的"插入表格"图标🔳。打开"插入表格"对话框，在列数和行数框中都输入"4"，单击"确定"按钮，完成表格插入。最后按要求完成表格中文字的输入。

任务6.3.2 个人简历播放效果的设置

任务描述

设置超链接，添加动作按钮，实现幻灯片之间的跳转。插入声音文件，设成背景音乐，自动播放。设置动画效果、播放次序和切换效果。

操作步骤

步骤1 设置超链接。

选择第一张幻灯片，选中"个人小档案"文本框，单击"插入"选项卡→"链接"组→"动作"按钮，打开"动作设置"对话框。单击"超链接到"选项下方的列表框，从中选择"幻灯片…"命令，打开"超链接到幻灯片"对话框，从中选择"幻灯片2"，单击"确定"按钮。同样，可设置其余4项文本与幻灯片对应的链接。

步骤2 添加动作按钮。

切换至第2张幻灯片，单击"开始"选项卡→"绘图"组→"形状"按钮，展开"形状"列表。在该列表中，选择"动作按钮：第一张🔲"图标。在幻灯片中画出一个动作按钮🔲，调整它至合适大小，并移到右下角位置。此时，也将打开"动作设置"对话框。在该对话框中，已默认选择了"超链接到"选项，在下方的列表框，也选中"第1张幻灯片"，单击"确定"按钮。用同样的方法，在其余4张幻灯片中插入相同的动作按钮并做"超链接到"设置。

步骤3 插入声音。

切换至第一张幻灯片，单击"插入"选项卡→"媒体"组→"音频"按钮，打开"插入音频"对话框。找到所要插入的音频文件"Windows启动.wav"（在Windows\Media文件夹中）。单击"插入"按钮。幻灯片中出现"音频"图标和播放控制条，声音插入完毕。

步骤4 设置背景音效。

（1）选中"音频"图标，单击"动画"选项卡→"动画"组→"显示其他效果选项"按钮，打开"播放音频"对话框。在该对话框中，选择"效果"选项卡。将"停止播放"设置为"在'10'张幻灯片后"。

（2）再在"播放音频"对话框中选择"计时"选项卡。设置"开始"项为"上一动画之后"，设置"重复"项为"直到幻灯片末尾"。这样音乐在幻灯片播放时自始至终都不会停止，真正成为一个背景音乐。单击"确定"按钮，完成设置。

步骤5　设置动画效果。

（1）切换至第 2 张幻灯片，选中竖排文本框。在"动画"选项卡"动画"组"动画样式"列表中，选择"强调"类中的"放大/缩小"动画样式。

（2）单击"动画"组右下角"显示其他效果选项"按钮，打开"放大/缩小"效果选项对话框。在该对话框"效果"选项卡的"增强"栏目下，将"声音"设置为"打字机"；"动画文本"设置为"按字母"方式出现。

（3）按类似方法，选中其他文本框，添加进入效果为"螺旋飞入"动画样式，开始时间为"之后 1 秒"自动启动

步骤6　设置切换效果。

（1）将幻灯片视图切换成"幻灯片浏览"视图。首先选中第 1 张幻灯片，然后按下 Ctrl 键，再单击第 3 张幻灯片，即同时选取了这两张幻灯片。

（2）在"切换"选项卡"切换到此幻灯片"组"切换方案"列表中，选择"随机线条"切换方案。单击列表右侧"效果选项"，选择"垂直"选项。

（3）选中第四张幻灯片，然后按下 Shift 键，再单击第 6 张幻灯片，即选取了第 4、5、6 这 3 张连续的幻灯片。在"切换方案"列表中，选择"形状"切换方案，"效果选项"设置为"增强"。

任务 6.3.3　个人简历的保存和打包

任务描述

将前面建立的演示文稿转换为 PDF 格式文件和视频文件（.wmv），并保存在实验文件夹中。将前面建立的演示文稿进行打包方式保存，要求嵌入 TrueType 字体，包含链接文件。

操作步骤

步骤1　转换为 PDF 文件。

（1）打开要转换格式的演示文稿。单击"文件"选项卡"另存为"命令，打开"另存为"对话框。在对话框中选择保存位置，在"保存类型"下拉列表中选择"PDF"，此时，"另存为"对话框变为如图 6.42 所示。

（2）在对话框中单击"选项"按钮，打开专用于保存 PDF 文件格式的"选项"对话框。在该对话框中可选择不同的发布内容。请选择不同内容，查看不同结果。当前选择系统默认选项值，单击"确认"按钮，返回"另存为"对话框。最后单击"保存"，系统将演示文稿发布为 PDF 文件。通过 PDF 文件阅读软件可以查看该文件。

图 6.42 "另存为"PDF 文件对话框

图 6.43 PDF"选项"对话框

步骤 2 保存为视频文件。

（1）打开要转换为视频的演示文稿，单击"文件"选项卡→"保存并发送"组→"创建视频"按钮，展开如图 6.44 所示"创建视频"窗格。

（2）在该窗格中进行设置后（当前使用系统默认值），单击"创建视频"按钮，打开"另存为"对话框，选择保存位置，单击"保存"按钮。系统将演示文稿转换为.wmv 格式的视频文件。

步骤 3 打包成 CD。

（1）打开要打包的演示文稿，单击"文件"选项卡→"保存并发送"组→"将演示文稿打

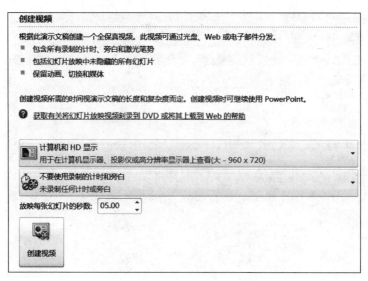

图 6.44 "创建视频"窗格

包成 CD"按钮,展开"将演示文稿打包成 CD"窗格。单击窗格中"打包成 CD"按钮,打开"打包成 CD"对话框。

(2)单击"选项"按钮,打开如图 6.46 所示"选项"对话框,可查看打包包含的系统文件。单击"复制到文件夹"按钮,在出现的对话框中输入存放打包文件的位置及名称,单击"确定"按钮,系统将把打包所需要的文件都放置于指定的"演示文稿 CD"文件夹中。

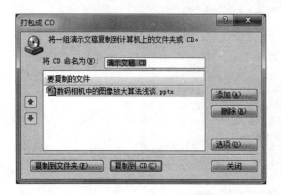

图 6.45 "打包成 CD"对话框

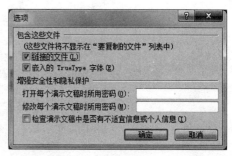

图 6.46 打包成 CD"选项"对话框

(3)单击"打包成 CD"对话框中的"复制到 CD"按钮,系统将和"复制到文件夹"一样将把打包所需要的文件直接写入 CD 中。单击"关闭"按钮,关闭"打包成 CD"对话框。完成"打包"操作。

大学计算机应用基础实验教程(第 3 版)

第 **7** 章 互联网应用操作实验

知 识 要 览

在现代社会中,人们需要快速了解世界各地的信息,互联网(Internet)作为一种信息交流工具,顺应了这种需要。互联网是一个全球性的网络,代表着全球范围内一组无限增长的信息资源,入网的用户可以是信息的消费者,也可以是信息的提供者。互联网将我们带入了一个完全信息化的时代,它正改变着人们的生活和工作方式。

互联网提供了许多信息服务,如电子邮件(E-mail)、新闻组(News Group)、远程登录(Telnet)、文件传输(FTP)以及 WWW(World Wide Web)服务、电子公告板(BBS)、搜索引擎(Search Engine)等。这里,我们选择了 WWW 服务、搜索引擎、电子邮件、文件传输这 4 种典型的互联网信息服务进行讲解,并期望读者能够根据自己的兴趣或学习工作的需要,举一反三,掌握其他的信息服务;此外,还介绍了常用的 Windows 互联网接入设置方法。

通过学习,读者应该掌握如下知识点:

- WWW 服务。学会如何启动 Internet Explorer(IE)浏览器,掌握 IE"地址"栏的使用和新浏览窗口的打开及相互切换的方法;掌握"收藏夹"的使用和网页中文字和图片信息保存的方法;熟悉 IE 的"工具"→"Internet 选项"或"Internet 属性"对话框中常见参数的含义,并学会具体参数的设置。
- 搜索引擎。熟悉 Google 搜索引擎的使用,掌握按关键字检索信息;掌握按专题分类检索信息;熟悉"天网搜索"搜索引擎的使用,掌握按文件名称搜索文件的方法。
- 电子邮件。学会上网申请免费电子邮箱,掌握 Web 方式电子邮件的收发;掌握 Windows Live Mail 中电子邮件账号的设置,掌握用 Windows Live Mail 收发电子邮件;熟悉 Windows Live Mail 通讯簿的使用,掌握 Windows Live Mail 常见选项的设置。
- 文件传输。掌握利用 CuteFTP 和 IE 浏览器实现计算机之间的文件传输。
- 互联网接入。了解局域网和无线局域网的接入方法。

本章共安排了 5 个实验(包括 13 个任务)来帮助读者进一步熟练掌握学过的知识,强化实际动手能力。

实验 7.1 网 页 浏 览

通过本实验：

（1）学会如何启动 Internet Explorer，掌握 IE"地址"栏的使用和新浏览窗口（选项卡）的打开及相互切换的方法。

（2）掌握"收藏夹"的使用以及网页中文字和图片信息的保存方法。

（3）熟悉 IE 浏览器的"Internet 选项"中常见参数的含义，并学会具体参数的设置。

任务 7.1.1 漫游互联网

任务描述

启动 IE 浏览器，在浏览器窗口中显示"菜单栏"或"命令栏"。浏览"中国教育和科研计算机网"（地址：http://www.edu.cn）。打开"教育资源"超级链接，要求在新选项卡中浏览信息。然后根据导航进一步打开"浙江大学"主页进行浏览。

操作步骤

步骤 1 启动 IE 浏览器。

（1）单击任务栏"快速启动"工具栏中的 IE 浏览器图标 ，或双击桌面上的"Internet Explorer"快捷方式，运行 IE 浏览器程序。

（2）IE 浏览器显示默认如图 7.1 所示的主页信息。在选项卡中显示已经设置的默认主页（本例是"人民网"主页）。标题栏上地址栏显示的是网页地址，选项卡标签显示的是网页标题。

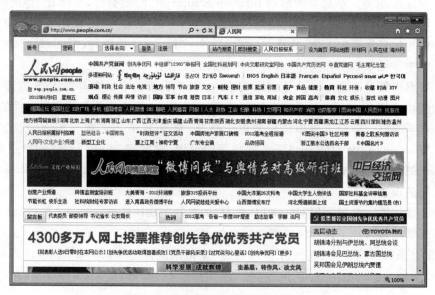

图 7.1 浏览器已经设置的默认主页

步骤 2　在浏览器窗口中显示菜单或命令工具栏。

在如图 7.1 所示的浏览器窗口中，单击标题栏左端空白区，或右击标题栏空白处，在弹出的快捷菜单中，选中"菜单栏"、"命令栏"复选框，如图 7.2 所示，此时，在浏览器标题栏下方将分别显示如图 7.3 所示"菜单栏"和"命令栏"。实际使用时，"菜单栏"中的命令和"命令栏"中的按钮有许多功能是一致的，故只要选择其中一种即可。本实验使用"菜单栏"。

若想保持浏览器窗口中网页页面最大化，如图 7.1 所示。也可以在需要使用菜单时，按下 Alt 健，暂时显示"菜单栏"进行操作。

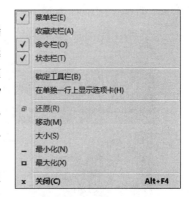

图 7.2　标题快捷菜单

图 7.3　浏览器"菜单栏"和"命令栏"

步骤 3　输入网址，在网页中打开超链接。

（1）在浏览器标题栏上的"地址栏"中输入网址"http://www.edu.cn"，按 Enter 键。打开如图 7.4 所示"中国教育和科研计算机网"主页。

图 7.4　"中国教育和科研计算机网"主页

（2）单击网页导航栏中的"教育资源"超链接，在新选项卡中打开"教育资源"网页。该网页显示了按资源类别分类的"分类检索"列表。单击"各类学校"栏目中的"中国大学"超链接，在当前选项卡中打开"中国大学"网页。该网页显示按地区省份分类的导航栏目。

再单击"浙江"→"浙江大学"超链接,打开如图7.5所示"浙江大学"主页。

图7.5 "浙江大学"主页

若感觉网页中文字、图片内容显示偏小,可单击"查看"菜单→"缩放"命令,进行调整。也可以使用快捷键 Ctrl+(放大)、Ctrl-(缩小)进行操作。

任务7.1.2 信息的收藏和保存

任务描述

在"收藏夹"中新建一个文件夹"中国教育和科研",并将"中国教育和科研计算机网"主页添加到该文件夹中。保存图文并茂的"浙江大学"主页内容于"E:\第七章实验\My Web"文件夹中,取名为"浙江大学.htm"。并要求单独保存"浙江大学"主页中的大幅图片,存放在"E:\第七章实验\My Pictures"文件夹中,取名为"浙江大学.png"。

操作步骤

步骤1 网页的收藏。

(1)单击如图7.6所示浏览器标题栏上多个选项卡标签中,标签为"中国教育和科研计算机网"的选项卡,将当前窗口切换到"中国教育和科研计算机网"主页。

图7.6 标题栏上多个选项卡标签

(2)单击"收藏夹"菜单→"添加到收藏夹"命令,打开如图7.7所示"添加收藏"对话框。此时,"名称"文本框中已显示了该主页的标题。

(3)单击该对话框中的"新建文件夹"按钮,打开"创建文件夹"对话框。在对话框"文

图 7.7 "添加收藏"对话框

件夹名"文本框中输入"中国教育和科研",如图 7.8 所示。单击"创建"按钮,将在"收藏夹"中创建"中国教育和科研"文件夹。返回"添加收藏"对话框,此时,"创建位置"列表框显示的是"中国教育和科研"。单击"添加"按钮,在文件夹"中国教育和科研"中,就收藏了当前主页的信息。

图 7.8 "创建文件夹"对话框

步骤 2　网页的保存。

(1) 单击网页选项卡标签中的"浙江大学-首页",将当前窗口切换到"浙江大学"主页。单击"文件"菜单→"另存为"命令,弹出"保存网页"对话框。

(2) 在该对话框中,按图 7.9 所示选择"E:\第 7 章实验\My Web"文件夹。在"文件名"组合框中输入"浙江大学"。单击"保存类型"列表框下拉按钮,在展开的列表项中选择"网页,全部(＊.htm,＊.html)"。单击"保存"按钮,可以将网页中的文字和图像都保存起来。

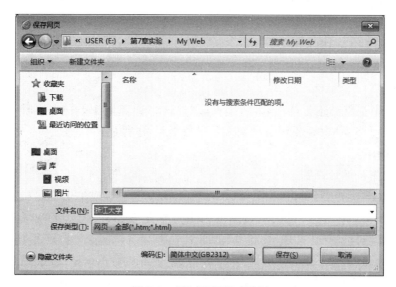

图 7.9 "保存网页"对话框

步骤3 图片的保存。

(1) 要单独保存主页上的大幅图片,右击图片区域,弹出图 7.10 所示快捷菜单,单击"图片另存为"命令。打开与图 7.9 类似的"保存图片"对话框。

图 7.10 保存网页中图片

(2) 在该对话框中,选择"E:\第 7 章实验\My Pictures"文件夹。在"文件名"文本框中输入"浙江大学"。单击"保存类型"列表框下拉按钮,在展开的列表项中选择"PNG(∗.png)"。单击"保存"按钮,可以将图片保存起来。

任务 7.1.3 IE 的设置

任务描述

设置 IE 中主页的地址为"http://www.265.com",删除 Internet 临时文件,设置网页保存的天数为 5 天,并设置浏览网页时不播放动画,不播放声音。

操作步骤

步骤1 主页地址设置。

(1) 启动 IE 浏览器,单击"工具"菜单→"Internet 选项";或单击标题栏右侧"快速工具栏"中的"工具"按钮,在展开的菜单项中,单击"Internet 选项"命令。都将打开"Internet 选项"对话框的"常规"选项卡,如图 7.11 所示。

(2) 在"主页"设置区域的"地址"列表框中输入"http://www.265.com",然后单击"确定"按钮。这样每次 IE 启动时,首先打开该网页。(单击"使用当前页"表示将目前 IE 显示的页面作为默认主页,单击"使用空白页"表示将空白页面作为 IE 默认主页,单击"使用默认页"表示将 IE 预设的网站主页作为默认主页。读者可以自行操作,观察结果。)

步骤 2　临时文件和历史记录设置。

（1）在如图 7.11 所示对话框中，在"浏览历史记录"设置区域，单击"删除"按钮，打开如图 7.12 所示"删除浏览的历史记录"对话框。在该对话框中选择要删除的历史记录类别，单击"删除"按钮。删除以前浏览网页时保存的部分或全部临时信息，释放相应的硬盘空间。

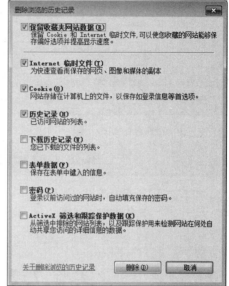

图 7.11　"Internet 选项"对话框之"常规"选项卡　　　图 7.12　"删除浏览的历史记录"对话框

（2）继续在如图 7.11 所示对话框"浏览历史记录"设置区域中，单击"设置"按钮，打开如图 7.13 所示"Internet 临时文件和历史记录设置"对话框。在"历史记录"设置区域的"网页保存在历史记录中的天数"组合框中输入数字 5，表示浏览过的网页在临时文件夹中保留 5 天。单击"确定"按钮，完成设置，返回"常规"选项卡页面。

读者还可以试着对"常规"选项卡中的其他项目，如"搜索"、"选项卡"、"外观"等，进行设置，观察结果。

步骤 3　网页中动画和声音的播放设置。

（1）在如图 7.11 所示"Internet 选项"对话框中，单击"高级"选项卡，显示如图 7.14 所示"Internet 选项"对话框中的"高级"选项卡。在"设置"列表框里，已按功能分类列出了很多选项。

（2）移动滚动条，显示"设置"列表框中的"多媒体"项目。在该项目中，取消对"在网页中播放动画"和"在网页中播放声音"复选项的选择。

（3）在"设置"列表框中，还可以根据需要，对浏览器的其他功能选项进行设置。

完成以上步骤操作后，单击"确定"按钮，完成所有设置。

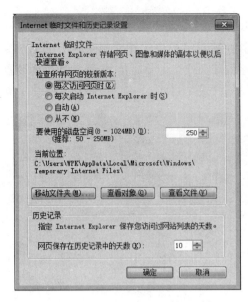

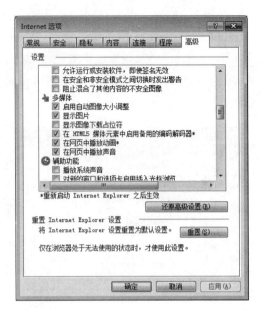

图 7.13 "Internet 临时文件和历史
记录设置"对话框

图 7.14 "Internet 选项"对话框之
"高级"选项卡

实验 7.2 信 息 检 索

本实验的目的是：
(1) 通过谷歌(Google)搜索引擎的使用，学会按关键字搜索信息和按专题分类浏览信息。
(2) 掌握使用"Google"学术搜索学术文章的方法。

任务 7.2.1 按关键字检索

任务描述

进入中文"谷歌"搜索引擎网站(地址为"http://www.google.com.hk")，要检索的
关键字是，既含有"杭州"又含有"茶叶"的网页信息。

操作步骤

步骤 1 进入"谷歌"搜索引擎网站。

(1) 启动 IE 浏览器，地址栏中输入"http://www.google.com.hk"，进入如图 7.15
所示"谷歌"搜索引擎中文主页。该主页非常简洁，第一行为搜索类别：有搜索(网页)、图
片、地图、新闻和更多等超链接，右侧"选项"设置按钮🔧。第二行"谷歌"LOGO 下方为
"关键字"搜索框。第三行有"Google 搜索"和"手气不错"两个命令按钮。

(2) 在"关键字"搜索框输入关键字后，单击"Google 搜索"按钮时，"谷歌"搜索引擎
将搜索指定范围内包含关键字的网页信息，并罗列显示搜索结果；单击"手气不错"按钮

图 7.15 "谷歌"搜索引擎中文主页

时,"谷歌"搜索引擎直接显示与关键字相关的网站的网页。

步骤 2 搜索条件设置。

单击搜索主页第一行右侧"选项"按钮,展开如图 7.16 所示"选项"设置菜单。在该菜单中,单击"搜索设置"命令,打开如图 7.17 所示"搜索设置"页面。按图中选项参数对搜索条件进行设置。完成后,单击网页中"保存"按钮,弹出"来自网页的消息"提示,再单击"确定"按钮,返回搜索主页。

图 7.16 "选项"设置菜单   图 7.17 "搜索设置"页面

步骤3　多关键字的搜索。

（1）在图 7.15 所示搜索主页的"关键字"搜索框中输入"杭州"和"茶叶"，中间用空格隔开（表示搜索既含有"杭州"而且含有"茶叶"的网页信息），然后单击"Google 搜索"按钮。

（2）显示如图 7.18 所示的搜索结果，每条搜索结果由条目标题、URL 网址、内容摘要组成，其中条目标题是一个超链接，指向相应的网页，URL 表示网页的相应位置，内容摘要显示网页的部分内容。

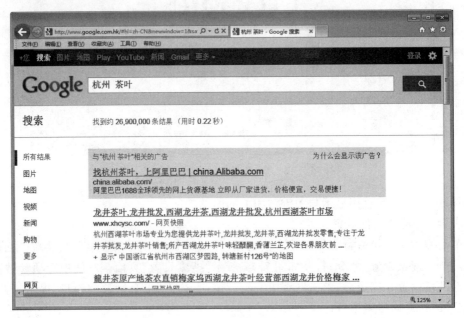

图 7.18　"杭州 茶叶"搜索结果

步骤4　使用"高级搜索"。

（1）移动图 7.18 中的垂直滚动条至窗口底部，然后单击"高级搜索"超链接；或单击页面第一行"选项"设置按钮，在展开的菜单中单击"高级搜索"，以上两种方式都能打开"高级搜索"页面。

（2）如图 7.19 所示"高级搜索"页面，在"使用以下条件来搜索网页"栏目中的"与以下字词完全匹配"文本输入框中输入"杭州 茶叶"。在"然后按以下标准缩小搜索结果范围"栏目进行如下设置："语言"为"简体中文"，"字词出现位置"选择"网页标题中"，其他采用默认值。然后单击"高级搜索"按钮。显示如图 7.20 所示"高级搜索"搜索结果。与图 7.18 比较，观察搜索结果的区别。

（3）在图 7.18"杭州 茶叶"搜索结果的页面左侧搜索类别、范围列表中，单击"更多搜索工具"按钮，展开更细化的搜索范围选择也可以获得更精确的搜索结果，读者可以是试着选择不同项目，查看结果，看看和上述结果有什么不同。

图 7.19 "高级搜索"页面

图 7.20 使用"高级搜索"搜索结果

任务 7.2.2　按专题分类浏览

任务描述

进入"谷歌"搜索引擎中文网站,通过"更多"选择,选择按专题分类检索的方法,搜索有关"杭州"的主题结果。

操作步骤

步骤 1　进入"谷歌"搜索引擎中文网站,选择左侧的"更多"超链接。

进入如图 7.15 所示的"谷歌"中文主页后,单击第一行"更多"超链接,在展开的列表中单击"更多＞＞"命令,打开如图 7.21 所示的"更多 Google 产品"页面。

图 7.21　"更多 Google 产品"页面

步骤 2　根据网址导航浏览信息。

(1) 在"更多 Google 产品"页面"搜索服务"栏目中,单击"265 导航"超链接,打开如图 7.22 所示"265 上网导航"主页。该网页主要由左侧的按主题分类的网址导航,右侧的访问量大、影响力大的热门网址导航。

(2) 在该网页右侧"名站导航"栏的"快速导航"搜索框中输入"杭州",此时,"名站导航"栏显示与"杭州"有关的各热门网站,如图 7.23 所示。点击其中的"杭州网",就能直接进入最具影响力的、有关"杭州"的门户网站。浏览有关杭州的新闻报道、风景名胜和文化等信息。

(3) 保存图 7.23 所示的网页内容到"E:\第 7 章实验\My Web"文件夹中。

步骤 3　根据专题分类浏览信息。

图 7.22 "265上网导航"主页

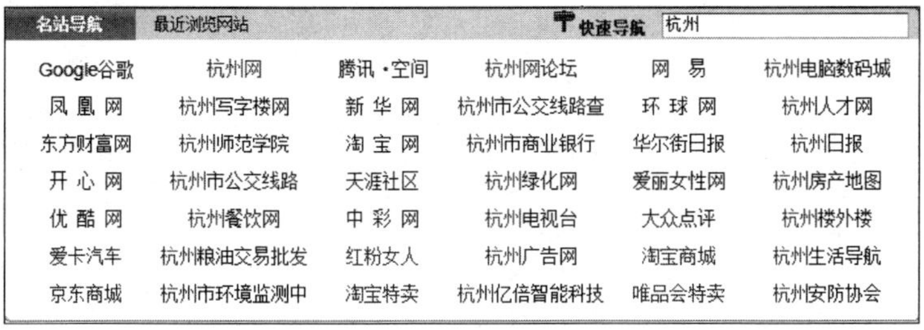

图 7.23 与"杭州"有关的各热门网站

（1）移动滚动条,在如图 7.22 所示网页的左侧导航栏目下方,单击"其他"分类中的"学习"超链接。打开"265 导航"之"学习"相关导航页面。如图 7.24 所示页面左侧是进一步导航的分类目录,右侧是按分类目录显示的各相关网站的超链接。

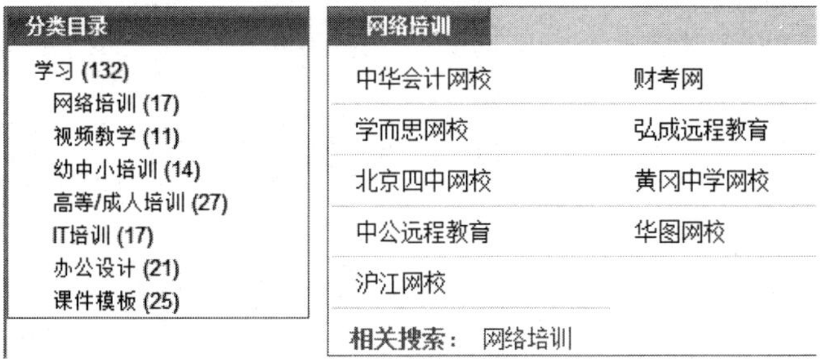

分类目录	网络培训	
学习 (132)	中华会计网校	财考网
网络培训 (17)	学而思网校	弘成远程教育
视频教学 (11)	北京四中网校	黄冈中学网校
幼中小培训 (14)	中公远程教育	华图网校
高等/成人培训 (27)	沪江网校	
IT培训 (17)		
办公设计 (21)	相关搜索： 网络培训	
课件模板 (25)		

图 7.24 与"学习"相关导航页面(部分)

（2）单击图 7.24 所示页面左侧分类目录中的"网络培训"，注意网页右侧的变化。在"视频教学"栏目中，单击"新浪公开课"网站超链接，打开"新浪公开课"主页。浏览该页面，选择并查看感兴趣的科目。

（3）若想查看更多"视频教学"相关信息，直接单击"视频教学"栏目下方"相关搜索"中"视频教学"超链接。观察结果。

任务 7.2.3　使用"Google"学术搜索

任务描述

使用"Google"学术搜索，查询有关"杭州茶叶"的研究文章，并保存文章信息。

步骤 1　进入"Google"学术搜索页面。

进入如图 7.21 所示的"更多 Google 产品"页面，移动窗口垂直滚动条显示更多"搜索服务"栏目，单击其中"学术搜索"超链接，打开图 7.25 所示"Google"学术搜索页面。

图 7.25　"Google"学术搜索页面

步骤 2　按关键字"杭州茶叶"进行搜索。

（1）在图 7.25 页面"关键字"搜索框中输入关键字"杭州茶叶"，选中搜索框下方"中文网页"单选按钮；按下 Enter 键，或单击"搜索"按钮　。搜索引擎开始搜索，最后显示搜索结果如图 7.26 所示。此时，显示的结果与一般的"谷歌"搜索结果不同，都是刊载的学术文章。

（2）单击"关键字"搜索框右边显示为"学术高级搜索"的下拉箭头，展开如图 7.27所示"学术高级搜索"选项，填写搜索选项可以缩小查找范围，更快、更准确地找到目标文章。填写完毕，单击"搜索"按钮，搜索引擎同样开始搜索。

图 7.26　"杭州茶叶"搜索结果页面（局部）

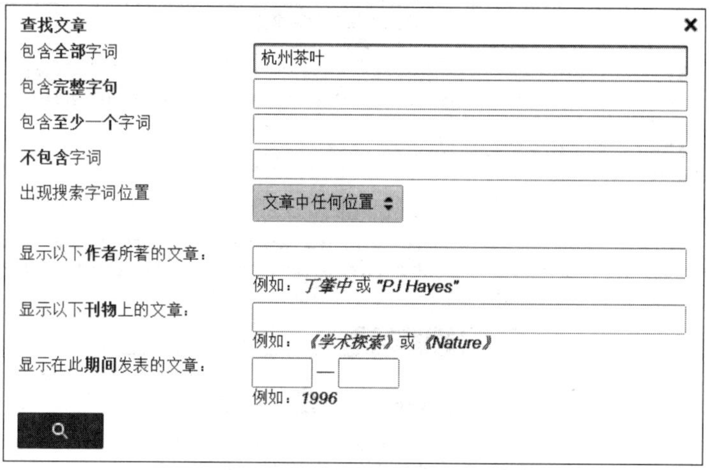

图 7.27 "学术高级搜索"选项

（3）在图 7.26"杭州茶叶"搜索结果页面中，单击左侧搜索条件栏中的"2011 以来"，显示如图 7.28 所示的结果，观察页面变化。

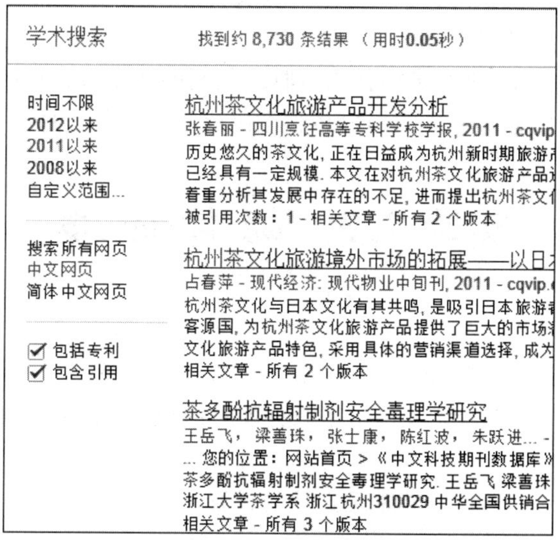

图 7.28 添加条件后的搜索页面（局部）

（4）单击如图 7.26 所示页面中论文"杭州茶文化旅游开发探索"的超链接，显示如图 7.29 所示该文章更详细的信息。

步骤 3 保存网页中的文章信息。

（1）方法 1：单击"文件"菜单→"另存为"，将如图 7.29 显示的网页信息全部保存。

（2）方法 2：使用鼠标框选图 7.29 显示的网页信息中需要保存的文字，复制这部分文本，粘贴到记事本或其他文本编辑器中保存起来。保存在"E:\第 7 章实验\My Web"文件夹中。

步骤 4 下载全文。

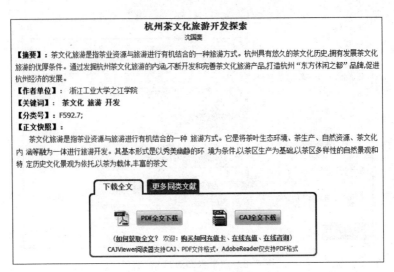

图 7.29　更详细的文章信息

浏览网页可知该文被"中国知网"（http://www.cnki.com.cn/）收录。注册付费,登录后,单击图 7.29 中"下载全文"栏中"PDF 全文下载",可以下载该论文全文到本机上,使用 PDF 阅读器就可以打开。

一般高等学校图书馆、科研机构会购买收录期刊的数据库机构的服务,读者可以向单位咨询有关期刊下载服务所需要的用户名和密码或其他登录信息。

实验 7.3　邮 件 收 发

本实验的目的是:

(1) 学会上网申请免费邮箱,掌握 Web 方式邮件的收发。

(2) 掌握 Windows Live Mail 中电子邮件账号的设置,掌握 Windows Live Mail 发送与接收电子邮件的方法。

(3) 掌握 Windows Live Mail 常见选项的设置。

任务 7.3.1　Web 方式邮件的收发

任务描述

通过 IE 浏览网易主页(地址为"http://www.163.com"),为自己申请一个免费电子邮箱,并记录接收、发送邮件服务器的域名。登录免费邮箱,发送一封电子邮件给自己的同学或好友,告诉对方你的邮箱地址,并附上自己的照片(可以用一幅图片代替)。

操作步骤

步骤 1　申请免费电子邮箱。

(1) 运行 IE 浏览器,在地址栏中输入网站地址"http://mail.163.com",按 Enter 键,

大学计算机应用基础实验教程(第 3 版)

进入"网易163免费邮"主页,其登录界面如图7.30所示。

(2) 要获得免费邮箱,必须先注册。在图7.30中,单击"注册"按钮,开始进行电子邮箱的申请注册操作。根据规定的步骤,输入用户名、密码等,比如,注册的用户名为"hznujsj",密码为"12345678",则申请到的免费邮箱的地址就为"hznujsj@163.com"。完成注册,也就获得了免费信箱的使用权。

(3) 根据帮助信息,可记录申请到的邮箱的SMTP发信服务器为smtp.163.com,POP3收信服务器为pop3.163.com,为任务7.3.2做好准备。

步骤2　免费邮箱的登录。

(1) 如图7.30所示,在用户名框中输入"hznujsj",在密码框中输入邮箱密码"12345678"。单击"登录"按钮,进入如图7.31所示"163邮箱"页面。

图7.30　"163免费邮"登录界面

(2) 进入如图7.31所示邮箱界面后,单击"写信"超链接可以撰写新邮件,并可以发送邮件,单击"收信"超链接可以阅读新接收到的邮件。

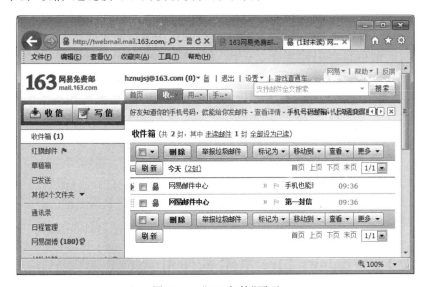

图7.31　"163邮箱"页面

步骤3　Web方式邮件的撰写。

(1) 单击"写信"超链接,进入如图7.32所示163邮箱的"写信"页面。在收件人文本框中输入收件人的邮箱地址,如"webmaster@zjcai.com",主题框中可以写上邮件的内容主题"新邮件地址"。如果还想把邮件发送给其他人,可以单击收件人框下方的"添加抄送"超链接,在添加的抄送文本框中输入多个邮箱地址,每个地址之间用半角分号隔开。

(2) 在正文框中输入邮件的具体内容,如图 7.32 所示。

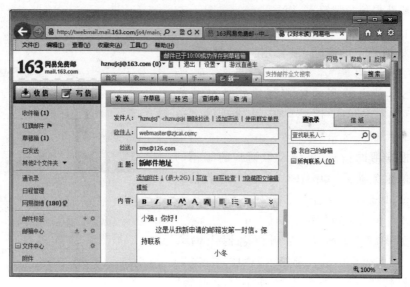

图 7.32   163 邮箱的"写信"页面

步骤 4   电子邮件附件的添加。

(1) 在图 7.32 中,单击主题框下方的"添加附件"超链接,弹出"选择要上载的文件"对话框,选择作为附件的文件,比如"E:\照片.jpg"。然后单击"打开"按钮。文件将上传至邮箱中。此时,附加的文件已列在"添加附件"超链接下方的附件栏中,如图 7.33 所示。若想删除附件,可以单击附件文件名后的"删除"命令。按此方法,可以添加多个附件文件。

图 7.33   邮箱附件栏

(2) 当完成多个附件文件的添加后,可以单击邮箱"写信"页面上的"发送"按钮,邮件将被发送出去。

任务 7.3.2   Windows Live Mail 的使用

任务描述

启动 Windows Live Mail,添加一个已申请好的邮件账号,设置为默认账号。

通过 Windows Live Mail 向同学或好友发一封电子邮件,将新申请的邮箱地址告诉对方,并附上你的贺卡图片(可以用一幅图片代替)。在 Windows Live Mail 中接收邮件,检查收件箱中有无新邮件。

大学计算机应用基础实验教程(第 3 版)

操作步骤

步骤1　Windows Live Mail 启动和账号的设置。

（1）在任务栏上单击"开始"→"所有程序"→"Windows Live"→"Windows Live Mail"，运行 Windows Live Mail 程序，打开如图 7.34 所示的程序窗口。

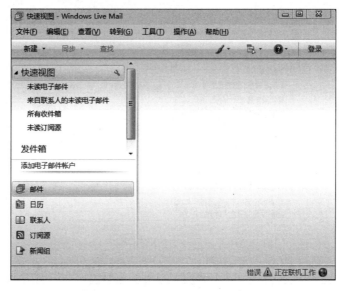

图 7.34　Windows Live Mail 程序窗口

（2）单击程序窗口左侧的"添加电子邮件账户"超链接，打开"添加电子邮件账户"之一对话框。按任务 7.3.1 中注册的 163 邮箱账户信息填写，如图 7.35 所示。

图 7.35　"添加电子邮件账户"之一对话框

（3）单击"下一步"按钮，打开如图 7.36 所示的"添加电子邮件账户"之二对话框，按图中所示填写。单击"下一步"按钮，打开"完成账户"提示信息，再单击"完成"按钮，完成邮件账户添加。按此方法，可以添加多个邮件账户。

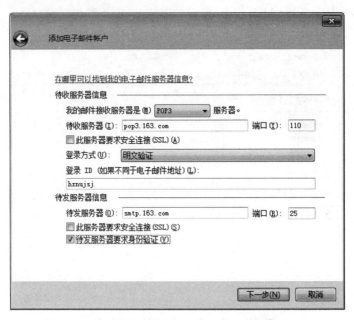

图 7.36 "添加电子邮件账户"之二对话框

（4）返回程序窗口，此时，在"快速视图"栏下方，将显示刚添加的邮件账户文件夹"163（hznujsj）"。右击该账户，在弹出的快捷菜单中选中"属性"命令。打开如图 7.37 所示"163（hznujsj）"账户属性对话框，可以对账户信息进行修改。

步骤 2 邮件的接收。

（1）完成账户添加后，在如图 7.34 所示的程序界面中，单击"工具"菜单→"同步"→"163（hznujsj）（默认账户）"。Windows Live Mail 将进行邮件的"接收和发送"。完成后单击 163（hznujsj）账户的"收件箱"文件夹，展开"收件箱"文件夹窗口如图 7.38 所示。

（2）单击"收件箱"文件夹窗口"邮件列表"窗格中的邮件，右侧"预览窗格"可预览该邮件。双击则打开该邮件，有更佳的显示和操作界面。

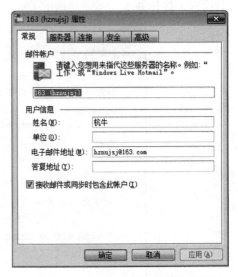

图 7.37 "163（hznujsj）"账户属性对话框

（3）如图 7.38 所示，选中的邮件含有一个附件文件"小区.jpg"。右击附件文件名，在弹出的快捷菜单中选择"另存为"命令，可以保存附件文件。

大学计算机应用基础实验教程(第 3 版)

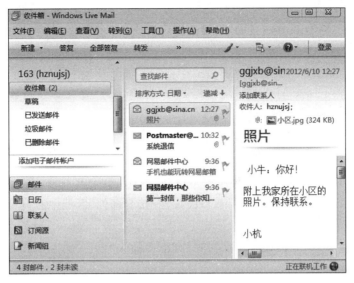

图 7.38　"收件箱"文件夹窗口

步骤 4　邮件的发送。

（1）单击图 7.38 中菜单栏下方的"新建"按钮，打开"新邮件"窗口，开始撰写邮件。

（2）与前面采用 Web 方式邮件撰写类似，需要填入收件人邮箱地址、添加抄送者，填写主题和添加附件等，只是先在本地机器上进行操作。按图 7.39 所示完成邮件信息输入。

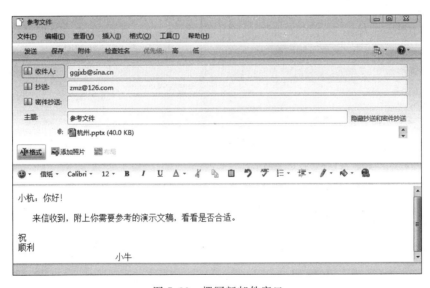

图 7.39　撰写新邮件窗口

（3）单击图 7.39 中菜单栏下方的"发送"按钮，邮件被发送出去。再次回到如图 7.38 所示页面，单击"已发送邮件"文件夹。"邮件列表"窗格中保存了已正常发送的邮件。

任务 7.3.3　Windows Live Mail 的设置

任务描述

设置 Windows Live Mail 每 20 分钟检查一次新邮件,并在邮件到来时不发出声音,同时设置邮件发送格式为 HTML。

操作步骤

步骤 1　"常规"选项的设置。

(1)单击 Windows Live Mail 程序窗口中的"工具"菜单→"选项"命令,打开如图 7.40 所示的"选项"对话框之"常规"选项卡。在"发送/接受邮件"区域中取消"新邮件到达时发出声音"复选框。

(2)在"每隔 30 ⬆⬇ 分钟检查一次新邮件"框中输入"20",表示每 20 分钟接收一次邮件,单击"应用"按钮。

步骤 2　"发送"选项的设置。

单击图 7.40 对话框中的"发送"标签,打开如图 7.41 所示"选项"对话框的"发送"选项卡,在"邮件发送格式"框中选择"HTML",单击"确定"按钮,完成设置。

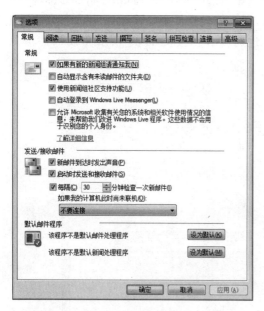

图 7.40　"选项"对话框之"常规"选项卡

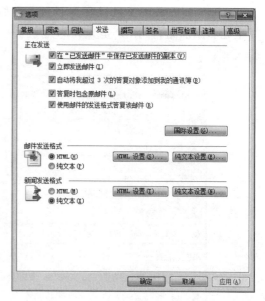

图 7.41　"选项"对话框之"发送"选项卡

读者还可以在"选项"对话框中,选择"撰写"、"阅读"、"回执"和"高级"等选项卡进行相应的设置操作。

大学计算机应用基础实验教程(第 3 版)

实验 7.4 文件传输

本实验的目的是学会用 CuteFTP 和 IE 浏览器进行文件传输,掌握在本机和主机之间建立连接以及上传和下载文件的方法。

任务 7.4.1 使用 CuteFTP 进行文件的上传与下载

任务描述

利用 CuteFTP 应用程序在本机和主机之间建立连接,然后向主机上传文件,最后从主机向本机下载文件。

操作步骤

步骤 1 建立连接。

(1) 运行 CuteFTP 应用程序,打开如图 7.42 所示 CuteFTP 程序主界面,窗口的左侧为本机文件夹窗口,右侧为主机文件夹窗口,上方为"快捷连接"栏。

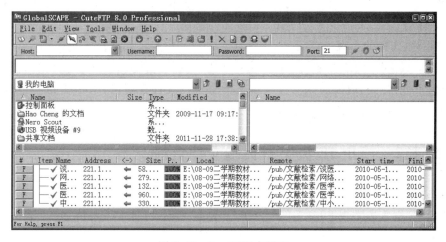

图 7.42 CuteFTP 主界面

(2) 在如图 7.43 所示"快速连接"栏中输入需要连接的主机地址(如"192.168.10.16"、"ftp.itenarent.com"等)。在用户名文本框中填入用户名。在密码编辑框中填入密码,若为匿名登录则用户名、密码不需填写。在端口编辑框中填入端口号。

图 7.43 填写了连接信息的"快速连接"栏

(3) 单击 按钮,开始连接主机。

如果主机地址已经存在于站点管理器中,则只需打开站点管理器,在找到相应的主机站点后双击该站点名即可进行连接。如图 7.44 所示,可以双击"王强"站点,直接建立

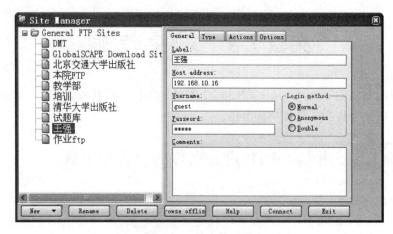

图 7.44　站点管理器

连接。

步骤 2　文件的上传。

（1）在本机文件夹窗口，右击选中需上传的文件夹或文件，在弹出的快捷菜单中，选择"上传"命令；或拖动该文件夹或文件至主机文件夹窗口。CuteFTP 开始上传文件。

（2）注意，上传文件至 FTP 主机，多数需要管理员权限。

步骤 3　文件的下载。

如需下载文件，可右击主机文件夹窗口中需下载的文件夹或文件，在弹出的快捷菜单中，选择"下载"命令；或拖动该文件夹或文件至本机文件夹窗口。CuteFTP 便开始下载文件到"本机文件夹窗口"中的当前文件夹中。

任务 7.4.2　使用 IE 浏览器传输文件资料

任务描述

使用 IE 浏览器实现 FTP 功能。从 FTP 站点"ftp：//ftp.pku.edu.cn"下载文件至本机文件夹 "E：\第 7 章实验"中。

操作步骤

步骤 1　打开 FTP 站点。

（1）打开 IE 浏览器，在地址栏中输入"ftp：//ftp.pku.edu.cn"，打开如图 7.45 所示 FTP 站点页面。

（2）如图 7.45 所示页面不够友好，单击"查看"菜单→"在 Windows 资源管理器中打开 FTP 站点"命令。此时，显示如图 7.46 所示 Windows 资源管理器窗口中的 FTP 站点。此时，FTP 站点如同本机文件夹一样，使用 Windows 文件操作方法，对 FTP 站点进行操作。

步骤 2　下载文件。

在如图 7.46 所示的窗口中，单击打开"Linux"文件夹→"4mlinux.com"文件夹，在该

———— 大学计算机应用基础实验教程(第 3 版)

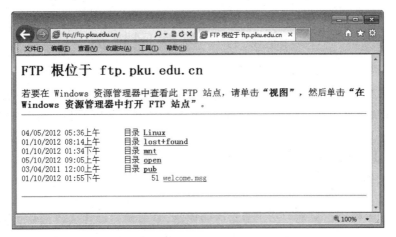

图 7.45　FTP 站点页面

图 7.46　Windows 资源管理器窗口中的 ftp 站点

文件夹中,选中"4MLinux-3.1-installer.iso"文件。将该文件通过"复制/粘贴"方式,存放到"E:\第 7 章实验"文件夹中。如图 7.47 所示就是该文件的下载过程。

图 7.47　文件下载过程

步骤 3　上传文件。

在图 7.46 中,也可以将本机上的文件通过"复制/粘贴"方式上传至 FTP 站点。也要注意的是,上传文件至 FTP 站点,常常受到限制,需要管理权限。

实验 7.5　互联网接入

本实验主要包括校园网宽带上网、无线上网两个任务,要求通过这两种互联网接入方法的实践,能掌握常用互联网接入方法的配置,从而能在日常学习和生活中得到应用。

任务 7.5.1　校园网宽带上网

任务描述

现在很多学校和单位都安装了宽带专线网络,只要对每台连入终端接口的计算机进行一定的设置后,便都可以正常上网了。这些设置主要都集中在对 TCP/IP 协议的一些设置。接下来一个任务就是通过设置这些项目来实现上网。

操作步骤

步骤 1　连接网线。

(1) 在机箱背面找到网卡插口,将外部的网络接头(RJ-45)插入其中。

(2) 开机后看到网卡上的灯亮了表明网卡已经正确安装,并与网络正常连接。

步骤 2　配置网络属性。

(1) 在任务栏中,单击"开始"→"控制面板"→"网络和 Internet"→"网络和共享中心",打开如图 7.48 所示"网络和共享中心"窗口。

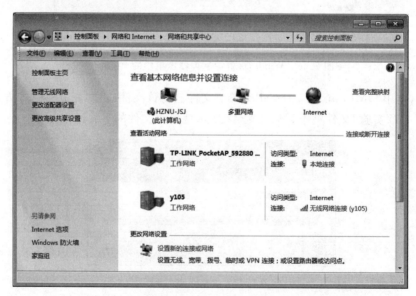

图 7.48　"网络和共享中心"窗口

(2) 单击该窗口中的"本地连接"超链接,打开如图 7.49 所示的"本地连接状态"对话框。在该对话框中,单击"属性"按钮,打开如图 7.50 所示的"本地连接属性"对话框。

大学计算机应用基础实验教程(第 3 版)

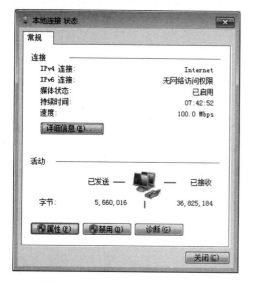

图 7.49　"本地连接状态"对话框

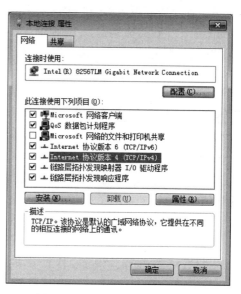

图 7.50　"本地连接属性"对话框

（3）在"本地连接属性"对话框中选中"Internet 协议版本 4(TCP/IPv4)"组件，单击"属性"按钮。打开如图 7.51 所示的"Internet 协议版本 4(TCP/IPv4)属性"对话框。

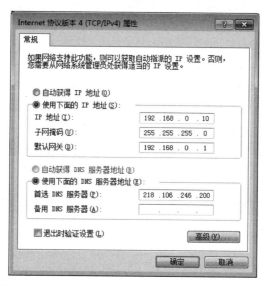

图 7.51　"Internet 协议版本 4(TCP/IPv4)属性"对话框

（4）根据一些学校和单位的专用网络的不同，对 TCP/IP 协议中的设置也会有所不同。不同点主要集中在对 IP 地址和 DNS 服务器地址的设置上。

第一种是服务器具有自动分配 IP 地址和 DNS 服务器地址的功能，本地计算机不需要再设置 IP 地址和 DNS 服务器地址。可以在图 7.51 中，选中"自动获取 IP 地址"和"自动获取 DNS 服务器地址"两个单选按钮即可。

另一种是需要设置 IP 和 DNS 服务器地址的,可以根据单位网管中心提供的相关数据,如图 7.51 所示,分别输入 IP 地址、子网掩码、默认网关、首选 DNS 服务器地址以及备用 DNS 服务器地址。

(5) 单击"确定"按钮,完成设置。

任务 7.5.2 无线上网

任务描述

使用 Windows7 自动搜索 Wi-Fi 无线局域网,经简单的设置将便携式计算机接入互联网。

操作步骤

步骤 1 搜寻无线接入点(AP)。

(1) 启动便携式计算机,保证无线网卡处在工作状态。

(2) 在 Windows 7 任务栏"通知区域",单击无线连接图标 📶,展开如图 7.52 所示的"可用无线连接"列表,从该列表中可以看出,系统已自动搜索到 3 个无线局域网,且已自动接入一名为"y105"的无线局域网,且具有互联网访问权限。

步骤 2 接入无线接入点(AP)。

(1) 有些无线局域网屏蔽了 SSID,并采用了一定的加密设置,因此,必须了解这些无线局域网的 SSID 和加密密匙才能接入该无线局域网。若已知,则在如图 7.52 所示中,单击其中一无线局域网,将弹出如图 7.53 所示的"输入网络名称(SSID)"对话框。填入 SSID 名称。单击"确定"按钮,打开如图 7.54 所示"输入网络安全密钥"对话框。填入密钥,单击"确定"按钮。系统接入无线接入点。

图 7.52 "可用无线连接"列表

图 7.53 "输入网络名称(SSID)"对话框

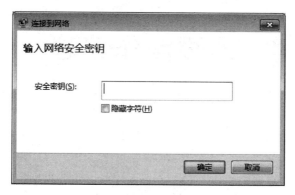

图 7.54 "输入网络安全密钥"对话框

（2）有些无线局域网可以随意接入，但要访问互联网时，需要在打开浏览器时，在弹出的登录页面中输入登录信息，如用户名、密码等，通过验证才能使用互联网功能。

第 8 章 网页制作实验

知 识 要 览

要创建网页,对于一般的爱好者而言,通常需要网页制作软件、图形处理软件和网页动画软件的配合使用,当然能够了解一些 HTML 的语言知识那就更好了。在本章的实验中我们主要介绍网页制作软件 Dreamweaver 的使用。

本章的实验从 Dreamweaver CS4 的入门着手,逐步深入,将 4 个实验都串连起来,到最后全部完成为止即制作完成社团文化网站。在整个制作过程中采用任务驱动的模式,实验内容紧密联系实际,留给实验者充分的发挥空间来完成整个任务,在完成任务的同时又学习了知识,在本章的最后还安排了涉及网页代码的进阶提高。

通过学习,读者应该掌握如下知识点:

- 网页与网站区分。
- Dreamweaver CS4 操作环境简介。
- 创建站点。
- 新建和保存网页。
- 网页布局。
- 插入常用网页基本元素并利用 CSS 设置元素格式。
- 插入 Dreamweaver CS4 提供的常用行为。
- 创建和编辑表单。

本章以一个寝室网站为案例,共安排了 5 个实验(包括 12 个任务)来逐步建立网站,在制作过程中帮助读者进一步熟练掌握学过的知识,强化实际动手能力。

实验 8.1 基本网页制作

本实验从新建站点结构开始,通过 Dreamweaver 制作首页和寝室成员介绍页"关于我们"(about.html),通过这两个页面的制作了解网页的组成要素和制作网页的基本步骤。在网页的整个制作过程中,学习了添加文字、插入图片、创建超级链接、设置网页标题等网页制作的基本技术,网页制作完成后还学习了如何正确保存网页和预览网页。

寝室网站的站点结构如图8.1所示。

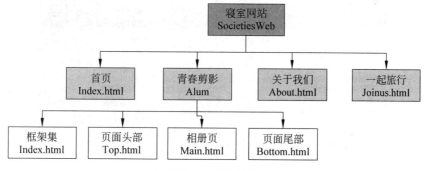

图 8.1　网站结构

任务 8.1.1　网站及网页的创建

任务描述

根据图 8.1 所示的站点结构，新建站点，并且保存在指定的路径下，例如："E:\qinshi"。新建站点后，新建站点内的网页和文件夹，结构和文件名可参考图 8.2。

操作步骤

步骤 1　新建站点。

（1）启动 Dreamweaver，出现"新建"浮动面板，如图 8.3 所示。

（2）在"新建"的浮动面板里，单击面板上"新建"列最下方的"Dreamweaver 站点"，在"站点定义"第 1 步输入站点的名称，例如："qinshi"。

（3）在"站点定义"第 2 步选择"否，我不想使用服务器技术"。

图 8.2　站点的目录结构

（4）在"站点定义"第 3 步选择"编辑我的计算机上的本地副本，完成后再上传到服务器（推荐）"，再选择文件存储在计算机上的位置为你的站点文件位置，例如："E:\qinshi"。

（5）在"站点定义"第 4 步"您如何选择远程连接到服务器"列表中选择"无"。

（6）最后可以看到站点定义的总结信息，单击"完成"后，在"文件"面板里就会有一个名称为"qinshi"的空站点。如果没有看见"文件"面板，可以单击"窗口"→"文件"，调出该面板。

步骤 2　新建文件夹和文件。

（1）在新建的空站点中，按照图 8.1 所示的站点结构新建文件夹和对应的文件，新建完成后参考图 8.2。

（2）将提供的素材图片都复制粘贴到"images"文件夹下，并在"文件"面板上单击"刷新"按钮 C 可查看到新导入的图片资源文件。

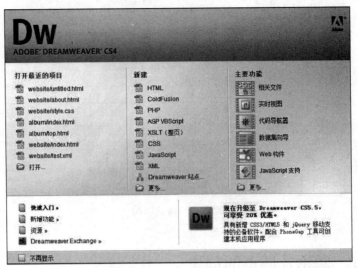

图 8.3 新建浮动面板

任务 8.1.2 首页内容的制作

任务描述

首页由 Logo 板块、导航栏、主体部分和页脚板块构成,其中主体部分包括"最新动态"、"寝室介绍"和"生活剪影"三部分内容,页脚板块主要是网站的版权信息、联系方式等。完成后的效果见图 8.4 所示,需注意的是本任务中完成的首页没有布局和元素格式效果,只是建立 HTML 结构。

图 8.4 首页内容完成后的效果图

首页结构可以划分为 4 个板块,首页的 HTML 结构参考图 8.5,4 个主要板块分别是头部的"Logo"页首区域、"Nav"导航区域、"Main"主要内容区域和"Footer"页脚区域,每一个板块都用 Div 标记作为容器,按照图 8.5 中括号的名称为每个 Div 容器命名,为了控制页面的居中效果,将 4 个板块放入一个大的 Div 容器中。

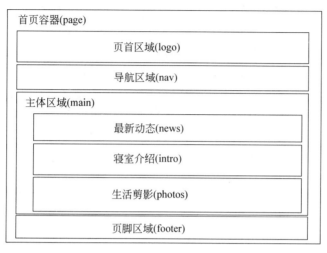

图 8.5　首页 HTML 结构

建立了首页的基本结构后,再在每个板块中插入如下所需的页面元素:

- 页首区域(logo):以项目列表形式插入"加入收藏"和"设为首页"。
- 导航区域(nav):以项目列表形式插入"首页(index. html)"、"关于我们(about. html)"、"青春剪影(album\index. html)"和"加入我们(joinus. html)",为每个列表项创建超链接,链接地址见名称后面的括号内容。
- 最新动态(news):以 h2 标记形式插入板块名称"最新动态",以项目列表形式插入动态新闻,每个动态新闻创建超链接,链接地址为"♯",底部插入更多 more 的图像文件。
- 寝室介绍(intro):以 h2 标记形式插入板块名称"寝室介绍",以 p 标记形式插入寝室介绍文字。
- 生活剪影(photos):以 table 标记形式插入 2 行 5 列的表格,第 1 行合并单元格并插入板块名称"生活剪影",第 2 行每个单元格插入生活照片的缩略图。
- 页脚区域(footer):以 p 标记形式插入版权信息和联系地址。

操作步骤

步骤 1　建立首页结构。

(1) 打开首页。双击打开新建的首页"index. html",光标放置到要插入 Div 标签的位置。

(2) 插入首页 Div 容器(page)。单击"插入"面板→"布局"工具栏→"插入 Div 标签📧",弹出"插入 Div 标签"对话框,"ID"输入"page",在页面里插入了一个 id 为"page"的 div 标记。

(3) 插入页首区域(logo)。将光标放到"page"框里,插入 id 为"logo"的 Div 标记,光标放到"logo"Div 框内部,单击"插入"面板→"文本"工具栏→"项目列表  ul",插入项目列表,内容见任务描述,完成后的效果如图 8.6 所示。

(4) 插入导航区域(nav)。将光标放到"logo"框后面,插入 id 为"nav"的 Div 标记,光标放到"nav"Div 框内部,插入项目列表,内容见任务描述。

(5) 插入首页主体区域(main)。将光标放到"nav"框后面,插入 id 为"main"的 Div 标记。

图 8.6　插入页首区域

(6) 插入页脚区域(footer)。将光标放到"main"框后面,插入 id 为"footer"的 Div 标记。

步骤 2　创建首页导航区域。

(1) 插入导航项目列表。将光标放到"nav"框里,单击"插入"面板→"文本"工具栏→"项目列表 ul",插入项目列表,内容见任务描述。

(2) 创建导航超链接。选中项目列表的第一项"首页",单击"插入"面板→"常用"工具栏→"超级链接",弹出"超级链接"对话框,在对应的"链接"框里选择相应的链接网页,如图 8.7 所示,单击"确定"按钮即可,同理可得其他 3 个导航的超级链接。

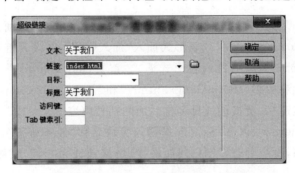

图 8.7　设置首页的超级链接对话框

步骤 3　丰富首页主体区域内容。

(1) 插入最新活动(news)。将光标放到"main"框里面,插入 id 为"news"的 Div 标记,光标放到"news"Div 框内部,选中"news"Div 框内部的默认文字后,单击"插入"面板→"文本"工具栏→"插入标题 2 h2",插入后输入"最新活动",再插入项目列表,内容见任务描述。单击"插入"面板→"文本"工具栏→"插入段落 ¶",插入 p 标记后,在文档窗口底部的 HTML 标签检查器上可以看到"<p>",如图 8.8 所示,在 p

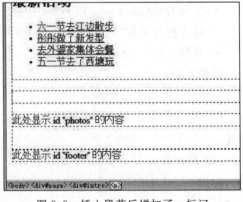

图 8.8　插入段落后增加了 p 标记

标记内部插入"more"图像。单击"插入"面板→"常用"工具栏→"插入图像 ",选择 images 下的 more 图像插入。

（2）插入寝室介绍（intro）。将光标放到"news"框后面，插入 id 为"intro"的 Div 标记，选中"intro"Div 框内部的默认文字后，插入 h2 标记，并输入"寝室介绍"，再将光标放到 h2 标记后面，插入 p 标记后输入段落介绍文字。

（3）插入生活剪影（photos）。将光标放到"intro"框后面，插入 id 为"photos"的 Div 标记，选中"photos"Div 框内部的默认文字后，单击"插入"面板→"常用"工具栏→"插入表格 "，插入 2 行 5 列表格。选中第一行 5 列单元格后右击，弹出快捷菜单，选择"表格"→"合并单元格"，然后输入"生活剪影"，在第 2 行的 5 个单元格里分别插入生活照片缩略图：images 文件夹中的"s1.jpg"依次到"s5.jpg"。插入步骤：单击"插入"面板→"常用"工具栏→"插入图像 "。

步骤 4　完善首页页脚区域内容。

将光标放到"footer"框后面，插入 p 标记后，输入"CopyRight© 钱塘大学 2-316 寝室"，对"钱塘大学 2-316 寝室"创建邮件超级链接，例如："mailto：qt2316@126.com"，插入完成后首页内容的效果如图 8.4 所示。

步骤 5　保存并预览网页。

单击"文件"菜单→"保存"或者按 Ctrl＋S 键保存网页的修改。保存后，单击"文件"菜单→"在预览器中预览"→"IExplore"或者按 F12 键在浏览器中预览完成的网页效果。

截止到目前只能看到元素的堆积效果，通过网页布局后可利用 CSS 设置元素的外观和定位。

任务 8.1.3　"关于我们"页内容的制作

任务描述

"关于我们"页是介绍寝室成员，页面还是由 Logo 板块、导航栏、主体部分和页脚板块构成，完成后的效果如图 8.9 所示，其中主体部分包括四个寝室成员介绍，每个成员的介绍包括姓名、照片和文字信息。

需注意的是本任务中完成的"关于我们"页面没有布局和元素格式效果，只是建立 HTML 结构。

"关于我们"页面的 HTML 结构和首页的 HTML 结构类似，可参考图 8.5，只是主体部分不同于首页，我们可以用复制的方式，把首页另存成"关于我们"页面，然后修改主体部分的内容，内容主要为四个成员的信息。

操作步骤

步骤 1　建立"关于我们"页面结构。

（1）复制首页结构。双击打开新建的首页"index.html"，并将首页文件另存为"关于我们"页面，可能要覆盖掉先前新建站点时创立的"关于我们"页面。

图 8.9 "关于我们"页的 HTML 结构效果图

（2）清除主体部分。将视图切换到"拆分"视图，在文档窗口底部的"标签选择器"上选择要清除的对象，例如选择"＜div♯news＞"，然后按 Delete 键，如图 8.10 所示，就可以删除对应的 ID 为"news"的 Div 框。除了这种方法，也可以直接在"设计"窗口中选中要删除的模块，直接按 Delete 键，删除不需要的部分，删除后保证在主体部分只留下"＜div♯main＞"标记（"标签选择器"上名称），该 Div 框内部的元素为空。

步骤 2　插入寝室成员信息。

（1）插入彤彤个人 Div 框。单击选中"关于我们"页面，将光标放到"拆分"视图下的"代码"窗口中，定位在"＜div id＝"main"＞"后面，如图 8.11 所示，然后单击"布局"工具

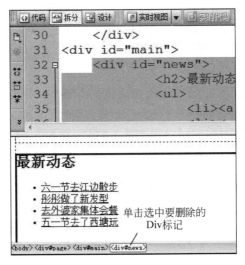

图 8.10 标签选择器来选择删除对象

栏→"插入 Div 标签"按钮,弹出"插入 Div 标签"对话框,在该对话框中设置"类"的名称。此处设置类的名称是因为这个 Div 框要复用多次,在此用"ID"就不合适了,"ID"适合应用在页面唯一的元素上。

图 8.11 个人信息 Div 的插入位置

(2)插入个人详细信息。在"设计"视图下,选中上一步插入的 Div,然后插入 h2 标记,删除"此处显示 class "personintro"的内容"后,插入栏目的头像图标,并输入名字"彤彤",在彤彤上插入超链接,链接到"#"。光标放到超链接的"彤彤"后面后再换行,插入了 p 标记,然后在对应的 p 标记中插入人物的照片图像和个人信息介绍。

(3)插入其他个人信息。同理制作其他寝室成员个人信息。

步骤 3 保存并预览网页。

同上。

实验 8.2   网 页 布 局

本实验主要学习网页的布局方法。在实验 8.1 制作的首页和"关于我们"页的基础上，利用 Div＋CSS 的布局方法对首页和"关于我们"页进行页面布局和元素格式设置，利用框架布局方法对"青春剪影"栏目进行制作，通过本实验的学习不仅要掌握这两种页面布局方式，还要掌握 CSS 的设置元素格式方法。

任务 8.2.1   Div＋CSS 布局首页

任务描述

利用 Div＋CSS 布局方法完成首页的布局。首页完成后的效果如图 8.12 所示。

图 8.12   首页的布局效果

操作步骤

步骤 1   设置控制页面一致性的 CSS。

首页为了保持页面元素部分属性的一致性，需进行一些格式控制，具体如表 8.1 所示。

（1）设置 body 的 CSS 样式。打开首页文档后，单击文档底部"标签选择器"的"＜body＞"标记，此时文档窗口选中了整个页面内容，单击文档窗口下方的"属性"面板左边的"CSS"，切换到 CSS 的设置面板，单击"编辑规则"按钮，弹出"新建 CSS 规则"对话框，选择器为"body"，规则定义为"新建样式表文件"，如图 8.13 所示，单击"确定"按钮后选择样式表文件的保存位置，例如："e:\qinshi\style.css"，保存后进入具体设置 CSS 规则的对话框,根据表 8.1 第 2 行中对选择器"body"的设置要求进行规则定义。

表 8.1　页面一致性的 CSS 规则

选择器	格式设置要求	说　　明
body	font-size:14px color:♯333 background-color:♯ccc	对文字大小、颜色、大容器背景色设置
h2	font-family:微软雅黑 font-size:16px font-weight:600	对页面的标题进行字体、大小和加粗的格式进行统一
a	color:♯fff text-decoration:none font-weight:bold	对超链接的颜色、下划线和加粗的格式进行统一
a:hover	color:♯333 text-decoration:underline	对在超链接上悬停时的颜色、下划线进行统一

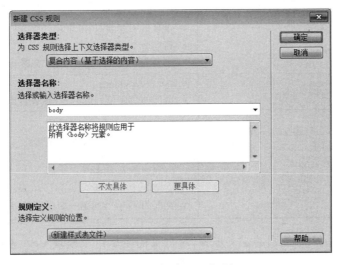

图 8.13　新建 CSS 规则

(2) 设置 h2 的 CSS 样式。单击"窗口"菜单→"CSS 样式",弹出"CSS 样式"浮动面板,单击该浮动面板下方的"新建 CSS 规则 🔲 "按钮,弹出"新建 CSS 规则"对话框,在该对话框上选择器类型为"标签(重新定义 HTML 元素)",选择器名称为"h2",规则定义为"style.css"。当选择该项时,表示接下来定义的 CSS 规则都写在"style.css"文件中,进入到定义详细 CSS 规则的对话框后,根据表 8.1 第 3 行中对选择器"h2"的设置要求进行规则定义.

(3) 设置超链接的 CSS 样式。设置超链接"a"的 CSS 样式步骤同第 2 步,在设置悬停在超链接上的样式时,在"新建 CSS 规则"对话框中,选择器类型为"标签(重新定义HTML 元素)",选择器名称输入"a:hover",其中":hover"是 a 标记的伪类,表示鼠标在超链接行的悬停状态,具体设置要求见表 8.1 的最后 2 行。

步骤2 设置首页结构的 CSS。

首页主要对页面容器 page(＜div♯page＞)、Logo 区域(＜div♯logo＞)、导航区域(＜div♯nav＞)、主体区域(＜div♯main＞)以及页脚区域(＜div♯footer＞)进行设置,设置要求如表 8.2 所示。

表 8.2　首页各组成部分的主要 CSS 规则

选择器	格式设置要求	说　　明
♯page	width:940px margin:auto background-color:♯fff	设置页面容器＜div♯page＞: • 宽度为 940 像素 • 让页面内容居中 • 背景色为白色(“♯fff”)
♯logo	background:url(logo 图片位置) no-repeat top left width:940px height:300px	设置＜div♯logo＞: • 背景为不重复的背景图片 • 宽度为 940 像素 • 高度为 300 像素
♯nav	background-color:♯888 height:35px width:100％	设置＜div♯nav＞: • 背景色为深灰色(♯888) • 高度为 35 像素 • 宽度为 100％,同上一级父容器 div♯page 的宽度
♯main	margin-top:20px	设置＜div♯main＞: • 顶部外边距值,和导航区域保持距离
♯footer	background-color:♯888 color:♯fff text-align:right height:100px width:100％	设置＜div♯footer＞: • 页脚背景色为深灰色(♯888) • 字体颜色为白色(“♯fff”) • 内部对象右对齐 • 高度为 100 像素 • 宽度为 100％,同上一级父容器 div♯page 的宽度

按照步骤 1 中 CSS 规则的定义步骤,对首页的主要组成模块 CSS 进行定义,完成后的效果如图 8.14 所示。

各主要模块内部元素的 CSS 设置还没有设置,所以页面效果和任务要求中的图 8.12 之间还有差距。

步骤3 设置 Logo 区域的 CSS。

Logo 区域(＜div♯logo＞)的主要任务:

• 控制顶部“加入收藏”和“设为首页”两项内容水平显示。

• 修改“加入收藏”和“设为首页”两项内容的超链接显示效果。

• 调整“加入收藏”和“设为首页”两项内容的定位。

光标放置到 Logo 区域的列表项上,因为“加入收藏”和“设为首页”的超链接颜色默认继承了步骤 1 中设置的超链接 a 标记的效果,颜色设置为白色,所以不能看到文字了,单击“CSS 样式”浮动面板上的“新建 CSS 样式”按钮,弹出“新建 CSS 规则”对话框,在该对话框上选择器类型为“复合内容(基于选择的内容)”,选择器名称如表 8.3 所示,例如:

图 8.14　首页主要模块规则定义后效果

"♯logo ul",注意选择器间要有空格,规则定义为"style.css",具体要求如表8.3所示。

表 8.3　Logo 区域顶部列表项的主要 CSS 规则

选择器	格式设置要求	说　　　明
♯logo ul	list-style:none margin-left:-20px	设置项目列表容器: • 去除项目符号 • 左边外边距
♯logo ul li	font-family:微软雅黑 float:left margin-left:15px margin-top:20px	设置项目列表项: • 字体为"微软雅黑" • 水平左浮动 • 左边外边距 • 顶部外边距
♯logo ul li a	color:♯333 font-weight:normal margin-left:25px margin-top:-20px display:block	设置项目列表项内的超链接: • 字体颜色为"♯333" • 字体格式"加粗" • 左边外边距 • 顶部外边距 • 成块状结构显示
♯logo ul li a:hover	color:♯910000	设置超链接悬停时的字体颜色为"♯910000"

在表8.3的设置要求中,关于外边距(margin)值仅供参考,可以根据个人喜好而有所调整。完成后的效果如图8.12的顶部。

在设置过程中,当要控制元素水平横向显示时,可以设置元素的"float"属性,通过属性值为"left"或者"right"。当取值为"left"时,元素依次向左浮动。当取值为"right"时,元素依次向右浮动。

步骤 4 设置导航区域的 CSS。

导航区域（＜div♯nav＞）的主要任务：

- 控制导航区域的列表项水平显示。
- 修改导航区域的列表项的超链接显示效果。
- 调整导航区域的列表项的定位。

光标放置到导航区域的列表项上,因为"加入收藏"和"设为首页"的超链接颜色默认继承了步骤 1 中设置的超链接 a 标记的效果,颜色设置为白色,所以不能看到全部的导航文字。单击"CSS 样式"浮动面板上的"新建 CSS 样式"按钮,弹出"新建 CSS 规则"对话框,在该对话框上选择器类型为"复合内容(基于选择的内容)",选择器名称如表 8.4 所示,例如:"♯nav ul",注意选择器间要有空格,规则定义为"style.css",具体要求如表 8.4 所示。

表 8.4 导航区域列表项的主要 CSS 规则

选择器	格式设置要求	说　　明
♯nav ul	list-style:none padding-left:0 margin-top:-12px padding-top:0	设置项目列表容器: • 去除列表项前的符号 • 左边外边距 • 顶部外边距 • 顶部内边距
♯nav ul li	float:left width:150px border-right:1px ♯fff solid height:35px text-align:center	设置项目列表项: • 水平左浮动 • 宽度为 150 像素 • 右边边框线为 1 像素宽的白色单实线 • 高度为 35 像素 • 水平居中
♯nav ul li a	font-size:16px text-decoration:none display:block width:inherit height:29px color:♯333 font-weight:900 padding-top:6px font-family:微软雅黑	设置列表项内的超链接: • 字体大小为 16 像素 • 去除下划线 • 呈块状结构显示 • 宽度继承上一级父容器的宽度 • 高度为 29 像素 • 字体颜色为"♯333" • 字体加到最粗 • 顶部内边距 • 字体为"微软雅黑"
♯nav ul li .active	background-color:♯990000 color:♯fff font-family:微软雅黑	设置列表项内的当前超链接(.active): • 背景色为"♯990000" • 字体颜色为"♯fff" • 字体为"微软雅黑"
♯nav ul li a:hover	background-color:♯990000 color:♯fff	设置列表项内的超链接悬停时状态: • 背景色为"♯990000" • 字体颜色为"♯fff"

在表 8.4 的设置要求中,关于外边距(margin)和内边距(padding)值仅供参考,可以根据个人喜好而有所调整。

导航栏中"首页"文字所在的列表项超链接要应用上".active"的类效果,将光标放置到"首页"列表项处,在"属性"面板中的"类"选择"active",如图 8.15 所示,"首页"列表项就设置为当前超链接的效果。

导航栏完成后的效果如图 8.12 的导航部分。

步骤 5   设置主体区域"最新动态"的 CSS。

主体区域"最新动态"(＜div＃news＞)的主要任务:

- 设置板块背景图片。
- 设置栏目标题文字格式。
- 设置项目列表项超链接格式。
- 调整板块各部分元素的定位。

图 8.15 "首页"超链接应用类

光标放置到"最新动态"板块,单击"CSS 样式"浮动面板上的"新建 CSS 样式"按钮,弹出"新建 CSS 规则"对话框,在该对话框上选择器类型为"复合内容(基于选择的内容)"或者"ID(仅应用于一个 HTML 元素)",选择器名称如表 8.5 所示,例如:"＃news",注意选择器间要有空格,规则定义为"style.css",具体要求如表 8.5 所示。

表 8.5   "最新动态"板块的主要 CSS 规则

选择器	格式设置要求	说　　明
＃news	background:url(images/newsbg.jpg) no-repeat width:428px height:255px float:left padding-left:20px	设置＜div＃news＞: • 设置不重复的背景图片 • 宽度为 428 像素 • 高度为 255 像素 • 水平左浮动 • 左内边距
＃news h2	margin-left:55px margin-top:7px color:＃FC9109	设置"最新活动"的标题: • 左外边距 • 顶部的外边距 • 字体颜色为"＃FC9109"
＃news ul	margin-top:40px font-weight:900 padding-top:6px font-family:微软雅黑	设置"最新活动"的项目列表: • 顶部外边距 • 字体加到最粗 • 顶部内边距 • 字体为"微软雅黑"

选择器	格式设置要求	说　明
#news ul li	margin-bottom:10px font-size:16px	设置"最新活动"的项目列表项： • 底部外边距 • 字体大小为16像素
#news ul li a	text-decoration:none color:#333 font-weight:bold	设置列表项内的超链接： • 去除下划线 • 字体颜色为"#333" • 字体加粗

由于整个板块是一大张图作为背景，所以标题的位置需要利用外边距(margin)进行调整定位，表8.5提到的边距值仅供参考，可以根据个人喜好而有所调整。考虑到该板块的背景，对列表项的超链接颜色等格式做了调整。

完成后的效果如图8.12的"最新活动"板块。

步骤6　设置主体区域"寝室介绍"的CSS。

主体区域"寝室介绍"(<div#intro>)的主要任务：

• 设置板块背景图片。
• 设置栏目标题文字格式。
• 设置段落文字格式。
• 调整板块各部分元素的定位。

光标放置到"寝室介绍"板块，单击"CSS样式"浮动面板上的"新建CSS样式"按钮，弹出"新建CSS规则"对话框，在该对话框上选择器类型为"复合内容(基于选择的内容)"或者"ID(仅应用于一个HTML元素)"，选择器名称如表8.6所示，例如："#intro"，注意选择器间要有空格，规则定义为"style.css"，具体要求如表8.6所示。

表8.6　"寝室介绍"板块的主要CSS规则

选择器	格式设置要求	说　明
#intro	background:url(images/introbg.jpg) no-repeat width:439px height:264px float:right margin-top:-10px padding-left:20px	设置<div#intro>： • 设置不重复的背景图片 • 宽度为439像素 • 高度为264像素 • 水平右浮动 • 顶部外边距 • 左内边距
#intro h2	margin-left:55px margin-top:17px color:#F61000	设置"寝室介绍"的标题： • 左外边距 • 顶部外边距 • 字体颜色为"#F61000"

选择器	格式设置要求	说　　明
#intro p	font-size:16px font-weight:bold text-indent:2em line-height:150% width:350px text-align:left margin-left:30px margin-top:40px	设置"最新活动"的段落文字样式: • 文字大小为 16 像素 • 字体加粗 • 段落缩进为 2 字符 • 段落行间距为 1.5 倍 • 宽度为 350 像素 • 文字左对齐 • 左外边距 • 顶部外边距

完成后的效果如图 8.12 的"寝室介绍"板块。

步骤 7　设置主体区域"生活剪影"的 CSS。

主体区域"生活剪影"(<div#photos>)的主要任务:

• 设置栏目标题部分的背景图标。
• 设置栏目标题文字格式。
• 设置段落文字格式。
• 调整板块各部分元素的定位。

光标放置到"生活剪影"板块,单击"CSS 样式"浮动面板上的"新建 CSS 样式"按钮,弹出"新建 CSS 规则"对话框,在该对话框上选择器类型为"复合内容(基于选择的内容)"或者"ID(仅应用于一个 HTML 元素)",选择器名称如表 8.7 所示,例如:"#photos",注意选择器间要有空格,规则定义为"style.css",具体要求如表 8.7 所示。

表 8.7　"生活剪影"板块的主要 CSS 规则

选择器	格式设置要求	说　　明
#photos	text-align:center margin-bottom:20px	设置<div#photos>: • 水平居中 • 底部外边距
#photos table	width:900px	设置布局表格: • 宽度为 900 像素
#photostop	background:url(images/head.jpg) no-repeat left center height:67px text-align:left padding-left:70px	设置表格的标题行(第 1 行): • 背景图片为不重复的图标 • 高度为 67 像素 • 左对齐 • 左内边距
#photostop h2	color:#F61000	标题文字的颜色为"#F61000"

由于该板块内部是个表格,表格的第 1 行设置标题样式,在此专门建立一个应用在标题行的 ID 样式"#photostop",将光标放置到表格的第 1 行,在文档窗口底部的"标签选择器"中选择第 1 个"<td>",接着在"属性"面板中"HTML"视图下,选择 ID 对应的选择

框为"photostop"。

因为表格所在的 Div 框对齐方式设置为水平居中,为了保持标题在左边,因而设置标题行的对齐方式为左对齐。

完成后的效果如图 8.12 的"生活剪影"板块。

步骤 8　调整页脚区域段落文字的 CSS。

调整页脚区域段落文字的主要任务:

- 调整段落文字的边距。
- 调整字体效果。

为了保持段落文字与周围边框的空隙,需要设置"margin-top"和"margin-right"值,字体设置为"微软雅黑",CSS 规则参考如下:

```
# footer p{
    margin-top:5px
    margin-right:10px
    font-family:微软雅黑
}
```

至此,完成了首页的布局,部分地方可根据个人喜好进行调整。

任务 8.2.2　Div＋CSS 布局"关于我们"页

任务描述

利用 Div＋CSS 布局方法完成"关于我们"页的页面布局。完成后的效果如图 8.16 所示。

图 8.16　"关于我们"页的布局效果

操作步骤

步骤 1 引入外部 CSS 文件。

打开"关于我们"页，单击"格式"菜单→"CSS 样式"→"附加样式表…"，弹出"链接外部样式表"对话框，选择链接文件的位置，添加为选择"链接"，如图 8.17 所示，单击"确定"按钮，插入外部 CSS 样式文件。

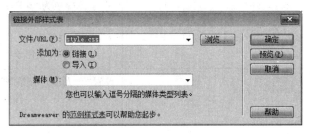

图 8.17 链接外部样式表

引用 CSS 文件后，发现布局工作除了主体部分外，其他部分的格式都不需要调整，效果如图 8.18 所示。

步骤 2 设置个人信息的 CSS。

主体区域成员介绍，虽然有四块内容，但是格式都是一样的，所以可以统一定义成类，每块个人信息应用类的效果就可以得到图 8.16 的效果，主要任务如下：

- 设置板块浮动。
- 设置栏目标题格式。
- 设置个人介绍段落的格式。
- 设置图片环绕效果。

单击"CSS 样式"浮动面板上的"新建 CSS 样式"按钮，弹出"新建 CSS 规则"对话框，在该对话框上选择器类型为"复合内容（基于选择的内容）"或者"类（可应用于任何 HTML 元素）"，选择器名称如表 8.8 所示，例如：". personintro"，

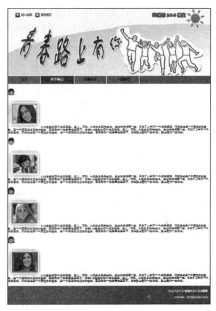

图 8.18 引入外部 CSS 文件后的效果

注意前面带上"."表示类选择器，规则定义为"style. css"，具体要求如表 8.8 所示。

表 8.8 "关于我们"个人信息板块的主要 CSS 规则

选择器	格式设置要求	说 明
. personintro	width:400px float:left margin-left:35px	设置<div. personintro>： • 宽度为 400 像素 • 水平左浮动 • 左外边距

选择器	格式设置要求	说　明
.personintro h2	margin-left:0px margin-top:15px color:＃F61000 margin-bottom:30px border-bottom:2px solid ＃F61000	设置"个人信息介绍"板块的标题： • 左外边距 • 顶部外边距 • 字体颜色为"＃F61000" • 底部外边距 • 底部边框线 2 像素宽、颜色为"＃f61000"的红色单实线
.personintro p	font-size:12px text-indent:2em line-height:150％ width:inherit	设置"个人信息介绍"板块段落格式： • 字体大小为 12 像素 • 首行缩进 2 字符 • 行间距 1.5 倍 • 宽度同上一级父容器
.personintro p img	float:left margin:0 15px 15px 0	设置"个人信息介绍"板块段落中的图片： • 左浮动 • 外边距

表 8.8 提到的边距值仅供参考，可以根据个人喜好而有所调整。将光标放置到对应的个人信息板块，在文档窗口底部的"标签选择器"中选择"＜div＃main＞"后面的"＜div＞"，接着在"属性"面板中的"HTML"视图下，选择类对应的选择框为"personintro"，选择完毕后即可以应用上类"personintro"的效果，每块个人信息介绍板块都应用上类"personintro"效果。

将导航部分的当前超链接类"active"应用到"关于我们"的超链接。

步骤 3　解决个人信息板块容器(＜div＃main＞)缩拢问题。

当主体部分的个人信息板块应用上类"personintro"效果后，由于存在浮动效果，包容个人信息板块的 Div 框(＜div＃main＞)会缩拢，这主要是因为当个人信息板块浮动后就脱离了正常的文档流，即不再受到 Div 框的限制，如图 8.19 所示。要解决这个问题可以采取以下手段：光标放到页脚区内，在文档窗口底部的"标签选择器"中选择＜div＃footer＞标记，在"属性"面板中单击"编辑 CSS"按钮，单击后弹出 CSS 的规则定义对话框，在该对话框中设置"clear"属性为"left"或者"both"即可。

步骤 4　保存并预览网页。

同前文。

至此"关于我们"页的布局已经全部完成，完成后的效果可见图 8.16。

任务8.2.3　框架布局

任务描述

利用框架布局方法完成"青春剪影"栏目的制作。"青春剪影"完成后的效果如图 8.20 所示。

图 8.19　浮动引发父容器缩拢问题

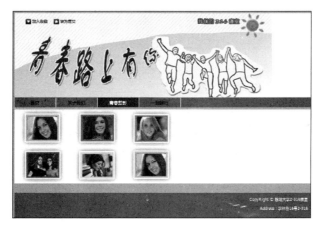

图 8.20　"青春剪影"布局效果

操作步骤

步骤 1　新建框架网页。

（1）建立框架网页。新建网页，单击"插入"面板→"布局"工具栏→"框架"按钮▭▾，选择"上方和下方的框架"，弹出"框架标签辅助功能属性"对话框，对每部分的框架进行命名。

（2）保存框架网页。单击"文件"菜单→"保存全部"，弹出"另存为"对话框，保存具有整个框架结构的框架集网页，保存到"青春剪影"的栏目文件夹内，保存后，再弹出"另存为"对话框，此时框架网页的中间部分被虚线框括起来，表示此时正在保存这部分网页，保存。保存完毕后，再将光标放置到框架网页的上部框架，单击"文件"菜单→"保存框架"，保存该部分网页。同理,保存下方框架中的网页。

步骤 2　制作上方框架网页。

(1) 插入内容。打开首页,光标放到 Logo 区域,单击文档窗口下方"标签选择器"上的"<div♯logo>",此时选中整个 logo 区域,按 Ctrl+C 键复制该部分内容,切换到框架网页的上方框架,按 Ctrl+V 键粘贴刚复制的 Logo 区域,粘贴后发现"加入收藏"和"设为首页"前的图像文件不能正常显示,删除后重新插入。同理,再将首页导航部分(<div♯nav>)内容复制粘贴到上方框架页的 Logo 区域后面。

(2) 引用 CSS。光标放置到上方框架网页上,单击"格式"菜单→"CSS 样式"→"附加样式表…",将"style.css"文件引用到此网页上,刚插入的内容受到"style.css"文件中的样式控制。

(3) 设置当前超链接。将光标放置到导航区域中的"青春剪影"超链接处,单击"属性"面板中"类"对应的选项"active",如若未看见此选项,可先保存上方框架网页后关闭,再打开该网页,可查看到对应的选项。光标放到"首页"超链接处,单击"属性"面板中"类"对应的选项"无",可去除掉首页上的当前超链接样式。

(4) 指定超链接目标框架。光标放置到"首页"超链接处,单击"属性"面板中"目标"对应的下拉菜单,选择"_top",表示单击"首页"超链接后整个框架网页都被替换为首页;同理设置"关于我们"和"一起旅行"超链接,"青春剪影"的目标指定为中部框架的名称,例如"mainFrame"。

(5) 保存网页。

步骤 3　制作下方框架网页。

(1) 插入内容。打开首页,光标放到页脚区域,单击文档窗口下方"标签选择器"上的"<div♯footer>",此时选中整个页脚区域,按 Ctrl+C 键复制该部分内容,切换到框架网页的下方框架,按 Ctrl+V 键粘贴刚复制的页脚区域。

(2) 引用 CSS。光标放置到下方框架网页上,单击"格式"菜单→"CSS 样式"→"附加样式表…",将"style.css"文件引用到此网页上,刚插入的内容受到"style.css"文件中的样式控制。

(3) 保存网页。

步骤 4　制作中间框架网页。

(1) 插入内容。打开中间框架网页,单击"布局"工具栏→"插入 Div 标签",插入一个 ID 为"photos"的 Div 框,将光标放置到 Div 框内部。单击"常用"工具栏→"表格"工具,插入 2 行 3 列的表格,插入后在每个单元格中插入相应的图像。

(2) 引用 CSS。光标放置到中间框架网页上,单击"格式"菜单→"CSS 样式"→"附加样式表…",将"style.css"文件引用到此网页上,刚插入的内容受到"style.css"文件中的样式控制。

(3) 调整 CSS。根据显示效果对新插入的表格进行 CSS 控制,调整它的显示效果。具体要求如表 8.9 所示。

表 8.9　中间框架网页的主要 CSS 规则

选择器	格式设置要求	说　　明
#photos	width:100% background-color:#fff text-align:center	设置<div#photos>: • 宽度和父容器宽度同 • 背景色为白色(#fff) • 内部元素水平居中
#photos table	width:600px	设置表格: • 宽度为 600 像素

(4) 保存网页。

步骤 5　保存并预览网页。

至此,已经全部完成"青春剪影"栏目框架布局网页的制作。完成后的效果可参考图 8.20。

实验 8.3　行 为 设 计

本实验主要学习使用 Dreamweaver 提供的行为面板,利用行为面板制作网页动态效果。通过本实验的学习不仅要掌握行为面板的操作流程,还要掌握网页动态行为制作过程中事件、行为等概念。

任务 8.3.1　"欢迎光临"提示框

任务描述

利用"行为"面板功能完成首页加载时弹出"欢迎光临"的提示。完成后的效果如图 8.21 所示。

图 8.21　"欢迎光临"效果

操作步骤

步骤 1   调用"行为"面板。

单击"窗口"菜单→"行为",调用出"行为"面板。

步骤 2   选择"行为"对象。

单击"文档"窗口底部"标签选择器"上的第一个标记"＜body＞",可见"行为"面板上提示当前标签为"＜body＞",如图 8.22 所示。

步骤 3   选择"行为"事件。

将"行为"面板主区域的第一行光标放置到左边单元格中,单击出现的"下拉菜单",选择"onLoad"页面加载事件。

步骤 4   编写"行为"过程。

图 8.22   选择"行为"对象

将光标放置到同一行的右边单元格中,单击上方的"添加行为"按钮 ➕,弹出 Dreamweaver 中提供的可用动作列表,选择"弹出信息",弹出"弹出信息"对话框,在对话框中输入文字"欢迎光临",如图 8.23 所示,单击"确定"按钮。

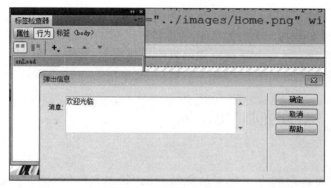

图 8.23   编写行为过程

步骤 5   保存并预览效果。

完成行为的添加,如图 8.24 所示,保存网页并运行查看效果,运行时浏览器可能会出现黄色的拦截提示,如图 8.25 所示,单击该拦截提示后弹出快捷菜单,选择允许阻止的内容即可看到效果。

图 8.24   完成"行为"

图 8.25　允许阻止内容

任务 8.3.2　页面渐显效果

任务描述

利用"行为"面板功能为页面图像创建页面加载后逐渐显示的效果。

操作步骤

步骤 1　调用"行为"面板。

单击"窗口"菜单→"行为",调用出"行为"面板。

步骤 2　选择"行为"对象。

单击"文档"窗口底部"标签选择器"上的第一个标记"＜body＞",可见"行为"面板上提示当前标签为"＜body＞"。

步骤 3　选择"行为"事件。

将"行为"面板主区域的第一行光标放置到左边单元格中,单击出现的"下拉菜单",选择"onLoad"页面加载事件。

步骤 4　编写"行为"过程。

将光标放置到同一行的右边单元格中,单击上方的"添加行为"按钮,弹出 Dreamweaver 中提供的可用动作列表。选择"效果"→"显示/渐隐",弹出"显示/渐隐"对话框,在对话框中选择目标元素"div"page,该元素是容纳了整个页面内容的 Div 框,效果持续时间为"1000"毫秒,效果选择"显示",其他选项为默认值,如图 8.26 所示,单击"确定"按钮。

步骤 5　保存并预览效果。

完成行为的添加,保存网页,保存时会弹出"复制相关文件"对话框,单击"确定"按钮后站点文件夹会出现多个"SpryAssets"文件夹,该文件夹中存储了运行此效果的程序文件。运行查看效果,当页面加载后,页面内容在 1 秒内渐渐显示。

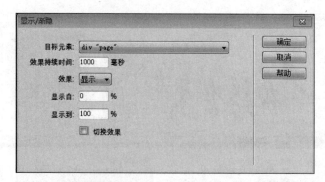

图 8.26　编写页面"显示"行为

实验 8.4　表 单 设 计

本实验利用 Dreamweaver 提供的表单功能,要制作完成"一起旅行"的表单交互网页,效果如图 8.27 所示,通过本实验的学习,掌握表单的插入、表单域对象的添加、编辑和删除操作。

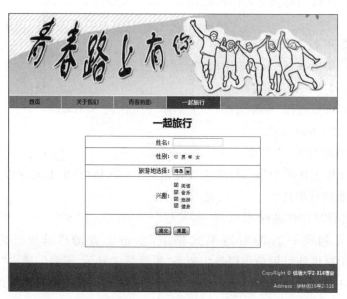

图 8.27　"一起旅行"效果

任务 8.4.1　表单对象的创建

任务描述

在"一起旅行"网页的最上方输入文字"一起旅行",在"一起旅行"下方输入文字"姓名","姓名"后插入"单行文本框"。在"姓名"的下方输入文字"性别","性别"后插入单选按钮组,插入两个选项,后面分别输入"男"、"女"。在"性别"的下方插入文字"旅游爱好","旅游爱好"后插入"列表/菜单",在"旅游爱好"的下方输入文字"兴趣爱好","兴趣爱好"后插入"复选框按钮组",插入四个选项分别输入文字"阅读"、"音乐"、"旅游"和"健身"。最后插入两个按钮,按钮的显示文字分别为"提交"和"重置",如表 8.10 所示。

表 8.10 插入表单域对象列表

提示信息	表单域对象	表单域值
姓名	文本框	
性别	单选按钮组	男,女
旅游爱好	列表/菜单	古镇,海岛,名山,休闲
兴趣爱好	复选框按钮组	阅读,音乐,旅游,健身
	按钮	提交,重置

操作步骤

步骤 1 搭建"一起旅行"网页结构。

(1) 复制首页结构。双击打开新建的首页"index. html",并将首页文件另存为"一起旅行"页面,可能要覆盖掉先前新建站点时创立的"一起旅行"页面。

(2) 清除主体部分。将视图切换到"拆分"视图,在文档窗口底部的"标签选择器"上选择要清除的对象,删除后保证在主体部分只留下"<div♯main>"标记("标签选择器"上名称),该 Div 框内部的元素为空。

(3) 引用外部 CSS。打开"一起旅行"页,单击"格式"菜单→"CSS 样式"→"附加样式表…",弹出"链接外部样式表"对话框,选择前面实验完成的页面所用的样式是 CSS 文件的位置,添加为选择"链接",单击"确定"按钮,插入外部 CSS 样式文件。

(4) 设置当前超链接。光标放到相应的导航栏项目后,将导航部分的当前超链接类"active"应用到"一起旅行"的超链接,去除掉首页的类"active"。

步骤 2 插入"一起旅行"主体区域内容。

(1) 插入标题。光标放置到<div♯main>内部,单击"文本"工具栏→"h1",在该 div 的最上面插入标题,并输入文字:"一起旅行"。

(2) 插入表单。光标放置到 h1 标记后面,单击"表单"工具栏→"表单▢",插入后可见红色虚线框区域。

(3) 插入布局用表格。光标放置到表单里面,单击"布局"工具栏→"表格",插入 5 行 2 列的表格,并在表格左边列输入表 8.10 第 1 列的"提示信息",表格的最后一行合并单元格。

步骤 3 布局"一起旅行"主体区域。

(1) 设置<div♯main>的 CSS。为了保持主体内容居中,设置<div♯main>的"text-align"为"center"。

(2) 设置标题 CSS。新建标题的 CSS 类"h1title",设置要求如表 8.11 所示,新建完成后,光标放到 h1 标题中,并在属性面板中选择类"h1title"。

表 8.11 标题的主要 CSS 规则

选择器	格式设置要求	说　明
. h1title	font-family："微软雅黑" text-align：center	设置 h1 标记： • 字体为"微软雅黑" • 水平居中

（3）设置布局表格 CSS。新建表格的 CSS,设置要求如表 8.12 所示,新建表格的 CSS 时设置成复合内容形式,再建两个类,新建完成后,光标选中表格左边列,在属性面板中选择类"leftcol",光标放置到最后一行,在属性面板中选择类"bottomline"。

表 8.12　布局表格的主要 CSS 规则

选　择　器	格式设置要求	说　明
♯ main ♯ form1 table	border-top-width：1px border-right-width：1px border-bottom-width：0px border-left-width：1px border-top-style：solid border-right-style：solid border-bottom-style：none border-left-style：solid border-top-color：♯888 border-right-color：♯888 border-left-color：♯888	设置表格： • 设置上、左、右边框宽度为 1 像素 • 设置上、左、右边框线型为"solid" • 设置上、左、右边框颜色为"♯888"
♯ form1 table tr td	border-bottom-width：1px border-bottom-style：solid border-bottom-color：♯888	设置表格的单元格： • 设置下边框宽度为 1 像素 • 设置下边框线型为"solid" • 设置下边框颜色为"♯888"
. leftcol	font-family："宋体" font-size：16px text-align：right width：250px height：30px	设置表格左边列所有单元格的样式： • 字体为"宋体" • 字体大小为"16 像素" • 对齐方式为右对齐 • 宽度 250 像素 • 高度为 30 像素
. bottomline	text-align：center height：50px padding：20px	设置表格最后一行单元格的样式： • 水平居中 • 高度为 50 像素 • 内边距为 20 像素

步骤 4　插入表单域对象。

在表格的第 2 列根据表 8.10 的表单域对象列提示插入相应的对象。

（1）插入文本字段。单击"表单"工具栏→"文本字段▱"。

（2）插入单选按钮组。单击"表单"工具栏→"单选按钮组▤",插入后,弹出"单选按钮组"对话框,在该对话框中进行项目的输入内容如图 8.28 所示。

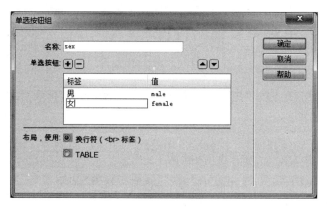

图 8.28　单选按钮组项目编辑

（3）插入列表/菜单。单击"表单"工具栏→"列表/菜单 ▤"，插入后，选中新插入项，单击下面的"属性"面板中的"列表值"，弹出"列表值"对话框，在该对话框中进行项目的输入，如图 8.29 所示。

图 8.29　列表值添加

（4）插入复选框按钮组。单击"表单"工具栏→"复选框组 ▤"，插入后，弹出"复选框组"对话框，在该对话框中进行项目的输入，如图 8.30 所示。

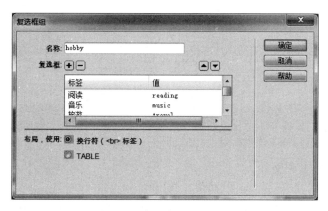

图 8.30　复选框列表项添加

（5）插入按钮。在表格的最后一行，单击"表单"工具栏→"按钮 ▭"，插入两个"提交"按钮。

任务 8.4.2 表单对象属性的设置

任务描述

设置单选钮组中默认选中"女",复选框组默认全部选中,列表/菜单中默认选择"海岛"。

操作步骤

步骤 1 设置单选钮组中的"女"为默认项。

选中"女"前面的单选钮,在下方的"属性"面板中设置"初始状态"为"已勾选"。

步骤 2 设置复选框组中的默认都选择。

选中复选框组中的对象,在下方的"属性"面板中设置"初始状态"为"已勾选"。

步骤 3 设置列表/菜单中默认选择"海岛"。

选中列表/菜单对象,在下方"属性"面板的"初始化时选定"中设置为"海岛"。

步骤 4 保存网页。

单击"文件"菜单→"保存",进行网页的保存和预览。

实验 8.5 进 阶 提 高

本实验在前面网站制作的基础上进行提高性学习,利用行为面板、HTML 和 JavaScript 的知识制作常见的网页动态功能。通过本实验的学习提升网页的动态效果、亲密接触 HTML 和 JavaScript 知识。

任务 8.5.1 设置"加入收藏"

任务描述

在首页顶部设置"加入收藏"功能。

当我们单击"加入收藏"时,浏览的网页就会自动地添加到浏览器的收藏夹中。

操作步骤

步骤 1 复制 JS 库文件。

将素材提供的 JS 库文件"function. js"复制到站点目录下,例如:复制到站点根目录下。

步骤 2 引用 JS 库文件。

打开首页,切换到"代码"视图,将光标放置到"<head></head>"网页头部区内部,单击"插入"菜单→"HTML"→"脚本对象"→"脚本",调用出"脚本"对话框,如图 8.31 所示。选择需要的 JS 库文件"function. js",单击"确定"按钮,在网页头部区插入 JS 库文件的引用代码"<script type="text/javascript" src="function. js"></script>"。

步骤 3 调用"行为"面板。

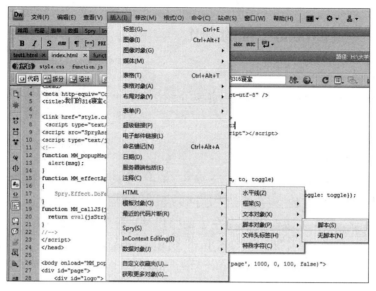

图 8.31　调用"脚本"

单击"窗口"菜单→"行为",调用出"行为"面板。

步骤 4　选择"行为"对象。

光标放置到"加入收藏"的超链接处,可见"行为"面板上提示当前标签为"＜a＞"。

步骤 5　选择"行为"事件。

在"行为"面板主区域的第一行光标放置到左边单元格中,单击出现的"下拉菜单",选择"onClick"单击事件,表示当单击超链接时会触发该事件并执行相应的代码。

步骤 6　编写"行为"过程。

将光标放置到同一行的右边单元格中,单击上方的"添加行为"按钮,弹出 Dreamweaver 中提供的可用动作列表。选择"调用 JavaScript",弹出"调用 JavaScript"对话框,在对话框中输入 JavaScript 代码"AddFavorite("http://www.our316.com", "我们的 316")","AddFavorite"函数名后的括号中第一个双引号括起来的参数表示加入收藏的网址,第二个参数表示收藏页的提示信息,单击"确定"按钮。

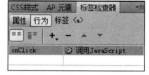

图 8.32　添加行为

步骤 7　保存并预览效果。

完成行为的添加,见图 8.32,保存网页并运行查看效果,单击"加入收藏"链接可查看到弹出"添加收藏"的对话框,如图 8.33 所示。

图 8.33　加入收藏

任务 8.5.2 竖向滚动字幕的制作

任务描述

利用<marquee>标记将首页的"寝室介绍"模块由静态文字改成竖向滚动字幕形式。

操作步骤

步骤1 插入<marquee>标记。

打开首页,光标放置到"寝室介绍"文字块,单击"文档"窗口下方"标签选择器"中的"<p>",默认选中了所有的"寝室介绍"文字段落,单击"插入"菜单→"标签…",弹出"标签选择器"对话框,在该对话框中选择左边的"HTML 标签",在右边的列表中选择"<marquee>"标记,单击"插入"按钮,如图 8.34 所示。插入后"文档"窗口自动切换到"拆分"视图,在"代码"窗口中看到"<marquee></marquee>"双标记包围了介绍文字段落"<p></p>"标记。

图 8.34 插入 HTML 标记

步骤2 设置<marquee>标记竖向滚动属性。

将光标放置到"代码"窗口中的"<marquee>"标记内部,在文字"marquee"后面按空格键后输入"direction",输入时 Dreamweaver 会自动提示,可通过键盘上的向上和向下箭头按键进行选择需要的属性,如图 8.35 所示,属性输入完毕后,输入"=",Dreamweaver 又会自动提示属性值,选择输入"up",完成后代码窗口可见"<marquee direction="up">"。

步骤3 设置<marquee>标记滚动速度属性。

将光标放置到"代码"窗口中的"<marquee direction="up">"标记内部,在文字""up""后面按空格后输入"scrolldelay",输入时 Dreamweaver 会自动提示,属性选择输入完毕后,输入"=",输入"200",表示滚动时间间隔是 200 毫秒,时间设置越大,滚动速度越慢,完成后代码窗口可见"<marquee direction="up" scrolldelay="200">"。

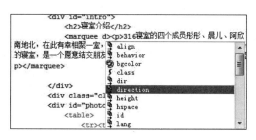

图 8.35　代码提示

步骤 4　设置＜marquee＞标记显示行为属性。

将光标放置到"代码"窗口中的"＜marquee direction＝"up" scrolldelay＝"200"＞"标记内部，在文字"scrolldelay＝"200""后面按空格后输入"behavior"，输入时 Dreamweaver会自动提示，属性选择输入完毕后，输入"＝"，Dreamweaver 会自动提示属性值。选择输入"slide"，表示介绍文字滚动完毕后文字内容留在页面上，完成后代码窗口可见"＜marquee direction＝"up" scrolldelay＝"200" behavior＝"slide"＞"。

步骤 5　保存并预览效果。

完成设置后，保存网页，运行查看效果，当页面加载后，可看到寝室介绍文字从"寝室介绍"活动板块位置从下到上滚动出现，直至全部显示完成。

第 9 章 Access 数据库操作实验

知 识 要 览

Access 是 Microsoft Office 办公套件中一个重要的组成部分,现在它已经成为世界上最流行的桌面数据库管理系统。

多年来,微软公司通过不断的改进升级,将 Access 的功能变得越来越强大。不管是处理公司的客户订单数据、管理自己的个人通讯录、还是管理大量科研数据,人们都可以利用它来解决数据的管理和处理工作。

虽然 Access 的功能这么强大,但是使用起来却非常容易。借助于 Access 内嵌的可视化数据管理工具,过去很繁复的工作现在只需几个很简单的步骤就可以高质量地完成。

通过学习,读者应该掌握如下知识点:

- 基本操作。Access 数据库文件的新建、打开和保存。
- 数据表的创建与维护。包括创建数据字典、定义主键、表间关系的建立等。
- 数据的录入与维护。数据的插入、修改与删除。
- 查询的建立与编辑。查询的建立、查询的修改、复杂查询的设计。
- 数据窗体的建立与数据编辑。数据窗体的建立、记录的浏览/添加和修改。
- 报表的建立与使用。报表的创建步骤、报表的浏览与打印。
- 结构化查询语言(SQL)。数据查询、数据维护与表的维护。
- Access 与外部文件交换数据。数据的导入与导出。

本章共安排了 4 个实验(包括 11 个任务)来帮助读者进一步熟练掌握学过的知识,强化实际动手能力。

实验 9.1　Access 数据库的创建与维护

初次接触 Access 数据库,首先要熟悉 Access 数据库管理系统的运行环境与基本操作,同时为了后续实验能顺利进行,必须要有基本的数据库、数据表和基础数据。本实验通过数据库、数据表等的创建、维护等练习,使读者掌握这些基本操作步骤,同时可以为后续实验准备数据和实验环境。

通过本实验的练习,掌握 Access 数据库管理系统的打开、关闭步骤;Access 数据库的创建、打开和保存方法;数据表的新建、数据字典的定义与维护、主键的定义、表间关系的建立;数据的录入与维护等方法与步骤。

任务 9.1.1 数据库的建立

任务描述

在本任务中,我们需要掌握如何进入 Access 数据库管理系统环境、创建新数据库的步骤和方法。

操作步骤

(1) 在"开始"菜单中选择"所有程序"→"Microsoft Office"→"Microsoft Access 2010",即可启动 Microsoft Access 2010 数据库管理系统,进入到程序的"文件"页面,并且默认在左边栏选中了"新建",同时在中间"可用模板"栏下选中了"空数据库"选项,如图 9.1 所示。

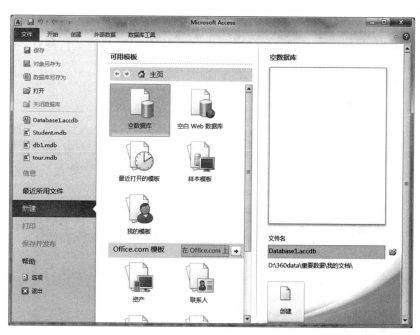

图 9.1 "文件"页面

(2) 将右下角"文件名"框中的默认文件名改成"Student.accdb",然后单击右侧的文件夹图标选择保存位置,最后单击"创建"按钮,就完成了一个数据库文件的创建,进入到数据表视图,同时默认创建了一个数据表"表1",如图 9.2 所示(创建表将在下一任务中练习)。

图 9.2　创建完成的数据库

任务 9.1.2　数据表的创建与维护

任务描述

在本任务中,我们将练习创建数据字典和指定主键,以及对表进行修改、删除等维护性操作。

操作步骤

步骤 1　新建 Access 表。

当新建数据库完成后,默认自动创建了一张表"表1",同时进入到数据表视图(图 9.2 右半部),此时在左窗格"所有 Access 对象"下列出了已经创建的对象,如"表 1",右击对象,选择"设计视图"选项,在弹出的对话框中将默认的表名"表 1"修改为自定义的表名(如"学生信息"),确定后就将表视图切换到表设计视图(见图 9.3)。

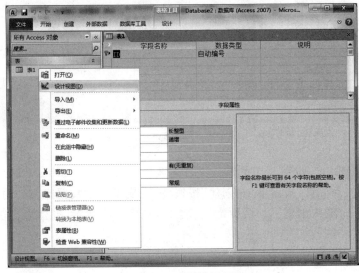

图 9.3　表设计视图

────────────大学计算机应用基础实验教程(第 3 版)

步骤 2　创建数据字典。

在表设计视图中默认定义了第一个名为"ID"的字段,先右击字段所在的行,选择"删除行"将其删除。

在表设计视图中字段名称下逐行填写需要的名称即可添加新字段,然后在每个字段名称右边定义字段的数据类型,有些字段还需要在下方的窗格中定义字段的其他属性,例如字段大小等,如图 9.4 所示。按图 9.5 所示创建所有的字段。

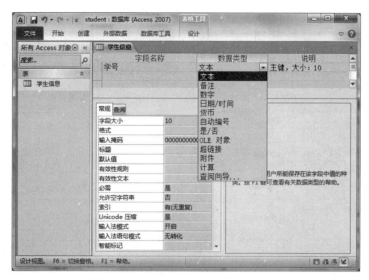

图 9.4　字段添加及属性定义

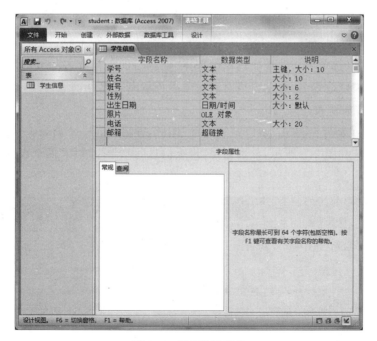

图 9.5　创建数据字典

步骤3　指定主键。

右击"学号"所在行,在快捷菜单中选择"主键",就完成了主键的指定,如图9.6所示,此时可以看见主键行左边增加了一个钥匙的图标。

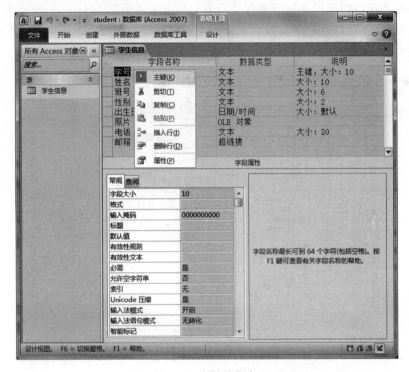

图9.6　主键的指定

步骤4　保存表。

右击表标签(选项卡),在快捷菜单中选择"保存",即可保存表的数据字典,完成表结构的创建。如需修改表名,在左窗格对表对象进行重命名即可。

步骤5　添加新表。

选中"创建"选项卡,单击"表"或"表设计"图标,即可创建一个新表。

按照图9.7和图9.8所示,分别创建"班级信息"和"学生成绩"两个表及其数据字典,并且制定主键。

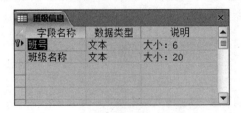

图9.7　班级信息表

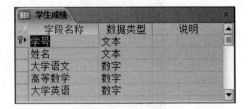

图9.8　学生成绩表

大学计算机应用基础实验教程(第3版)

任务 9.1.3　数据的录入与维护

任务描述

在本任务中,我们来实验如何向数据表中录入数据、修改数据和删除数据的操作。

操作步骤

步骤 1　进入数据表视图。

在左窗格右击表对象的名称"学生信息",在快捷菜单中选择"打开",即可进入到数据表视图;如果表已经在设计视图中打开,则可以右击表标签,切换到数据表视图。

步骤 2　插入与修改数据。

(1) 插入普通数据。

将图 9.9 所示的数据逐行插入"学生信息"表中。注意,如果指定了主键,在上一行(记录)中未插入主键字段之前,是无法跳到下一行的。插入或修改后的数据长度不能超过在表结构中定义的字段大小,类型也要一致,否则 Access 不予接受。

学号	姓名	班号	性别	出生日期	照片	电话	邮箱
5509031001	白云	010701	男	1988/11/20		010-28865357	baiyun@hotmail.com
5509031002	高山青	010702	女	1988/11/21		13031190763	gao002@163.net
5509031003	陈露	010703	女	1988/11/22		0411-88653472	lulu@126.com
5509031007	柳叶媚	020701	女	1988/11/26		0575-28863367	willow@hotmail.com
5509031008	边疆	020702	男	1988/11/27		020-87823350	territory@21cn.com
5509031011	刘芳	020703	女	1988/11/30		13733690087	liufang@pku.edu.cn
5509031014	周祥	020704	女	1988/12/3		0755-88233521	zhoux@yahoo.com
5509031017	俞悦	030701	女	1988/12/6		021-83826754	happy@hotmail.com
5509031018	毕玉	040701	女	1988/12/7		025-28876532	greenstone@tom.com
5509031019	杨琴	040702	女	1988/12/8		0377-32679863	strikestring@126.com
5509031020	程祥	040703	男	1988/12/9		13004568721	chengx@gmail.com
5509031021	宋歌	040704	女	1988/12/10		13133089942	song@sohu.com
5509031023	胡畔居	040705	女	1988/12/12		13988046658	lakeside@mail.zj.com
5509031024	夏马威	040708	男	1988/12/13		0612-87003655	xiamw@netease.com
5509031036	郎才	080701	男	1988/1 /10		13858014587	langcai@263.com
5509031037	龙警	010701	男	1989/2 /6		13633028367	longpolice@126.com
5509031038	马瑙	010702	女	1989/1 /27		13535876245	manao@yahoo.com

图 9.9　"学生信息"表数据

(2) 插入图片、声音和影像。

在类型为"OLE 对象"的字段中单击鼠标右键,在快捷菜单中选择"插入对象",如图 9.10 所示,在弹出的"插入对象"对话框(见图 9.11)中选中"由文件创建"单选按钮,再单击"浏览"按钮,从磁盘中找到要插入的照片、声音或视频文件,单击"确定"按钮,即可将对象插入表中。

此时单元格中显示"程序包"或者"Package",双击该字段,即可看到相应的图片或听到相应的音频内容。

(3) 插入超级链接。

在字段类型为"超级链接"的字段中右击,在弹出的快捷菜单中选择"超链接"→"编辑超链接"菜单项。在弹出的"插入超链接"对话框(见图 9.12)中可以对磁盘文件、网页地址和电子邮件地址等建立超链接,选中对象并单击"确定"按钮后就在表中建立了一个超链接,此时可以将字段中显示的默认文本修改成需要的文本。插入超链接字段后,单击该字段,就可以打开超链接指向的对象。

图 9.10　插入 OLE 字段对象

图 9.11　选择插入 OLE 字段的文件

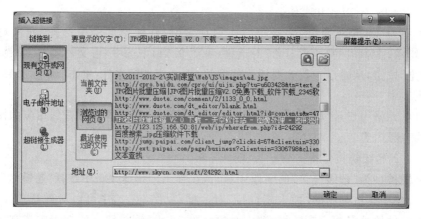

图 9.12　插入超链接对话框

　　　　大学计算机应用基础实验教程(第 3 版)

步骤 3　删除记录数据。

要删除整条记录,先要右击该行最左边的方框,然后在快捷菜单中选择"删除记录",即可删除整行数据。

如果要删除个别字段的数据,如果是普通字段,只要清空字段即可;如果是 OLE 字段,需要进行剪切操作;若是超链接字段,则要选择"取消超链接"。

步骤 4　录入其他数据。

将图 9.13 和图 9.14 所列数据分别录入到"班级信息"和"学生成绩"表中。

班号	班级名称
010701	数学0703
010702	物理0702
010703	化学0702
020701	中文0701
020702	历史0702
020703	哲学0703
020704	英语0701
030704	生物0704
040701	政治0704
040702	经济0704
040703	金融0701
040704	会计0704
040707	电商0703
040708	法学0701
080701	护理0701

图 9.13　"班级信息"表数据

学号	姓名	大学语文	高等数学	大学英语
0001	高攀	78	89	92
0002	黄马	69	66	71
0003	苗条	91	83	79
0004	白梦	85	79	57
0005	黑妹	56	71	63
0006	刘海	66	65	68
0007	何求	73	78	87
0008	贾冒	95	81	77
0009	白云	81	93	88

图 9.14　"学生成绩"表数据

实验 9.2　Access 中的数据的查询

Access 为我们提供了众多的查询操作向导,将一些复杂的操作步骤进行可视化包装,使得用户通过简单的步骤完成复杂的查询操作。通过以下实验,旨在使读者掌握可视化查询的建立、查询准则的定义、查询的修改、查询结果的输出以及复杂查询的设计。

任务 9.2.1　查询的建立与编辑

任务描述

在本任务中,我们通过 Access 的内置查询设计视图来建立一个"查询",返回"学生信息"表中所有女生的子集。

操作步骤

步骤 1　进入查询设计环境。

选中"创建"选项卡,在"查询"组单击"查询设计"工具,如图 9.15 所示,即可进入查询设计环境。

步骤 2　添加查询数据源。

进入查询设计环境后,Access 自动创建了一个"查询 1",同时弹出"显示表"对话框用于添加查询数据源,如图 9.16 所示。对话框中列出了当前数据库中所有的表,选中需要

图 9.15　进入查询设计环境入口

用到的表名"学生信息",单击"添加"按钮,即可将查询所使用的数据源添加到查询设计视图中。添加过的数据源会显示在查询设计窗格中,如图 9.17 所示。

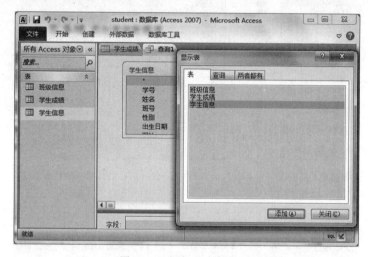

图 9.16　添加查询数据源

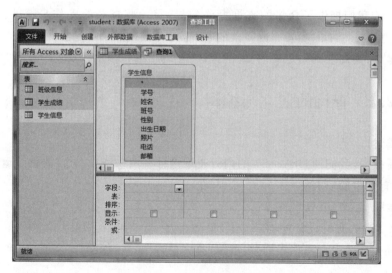

图 9.17　已添加的数据源

步骤 3　定义查询结果字段。

在查询窗格下部的查询定义窗格中单击"字段"行的第一列,展开单元格右边的下拉

── 大学计算机应用基础实验教程(第 3 版)

列表,如图 9.18 所示,选择第一个字段"学号";同样方法依次在第二、第三列分别选择需要返回的字段"姓名"和"性别"。

图 9.18　查询条件定义

步骤 4　定义查询条件。

在第 3 列"性别"字段的"条件"行中,输入约束条件"＝"女""或者""女"",如图 9.19 所示。

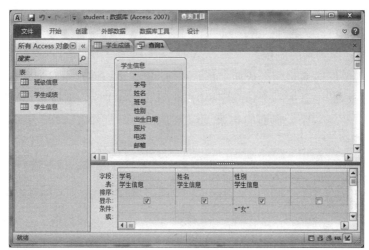

图 9.19　查询条件定义

步骤 5　测试查询结果。

右击"查询 1"标签,选择"数据表视图"或者窗体右下角第一个小图标,即可得到查询结果,如图 9.20 所示。

步骤 6　保存查询。

右击"查询 1"标签,选择"保存"或"关闭",在弹出的对话框中确认保存修改,并且为查询重命名为"女生查询"。

图 9.20　查询结果

任务 9.2.2　多条件查询

任务描述

在本任务中,我们通过多个条件来建立查询,返回"学生信息"表中同时或分别满足多个条件的子集。

操作步骤

步骤 1　"与"运算符的应用。

如果查询需要同时满足两个或两个以上条件,比如要查询某个日期之前出生的女生,则可以在"女生查询"中添加一个结果字段"出生日期",如图 9.21 所示,并给定查询条件"＜♯1988/12/1♯＞",那么查询的结果就应该是出生日期小于 1988 年 12 月 1 日的女生,如图 9.22 所示。

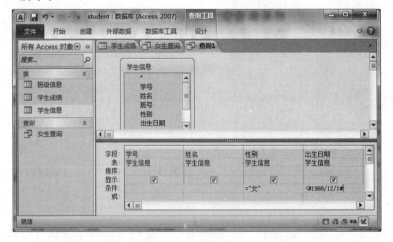

图 9.21　查询出生日期小于某一日期的女生

图 9.22　2 个条件相与的查询结果

其中的两个条件"＝"女""和"＜♯1988/12/1♯＞"之间就是"与"的逻辑运算关系。注意,两个同时需要满足的条件要写在同一行上。

步骤 2　"或"运算符的应用。

现在我们再来用"或"的关系构成一个查询条件,再新建一个查询,性别条件仍然是"女",在姓名字段增加 2 个新的模糊匹配条件"like "杨 ∗ " 或 like "马 ∗ "",如图 9.23 所示,这样即可得到所有姓杨和姓马女生的记录,如图 9.24 所示。

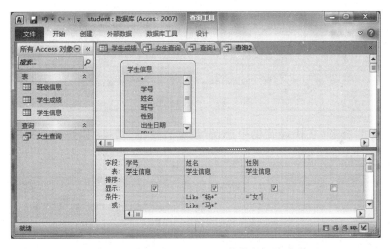

图 9.23　应用"或"和 like 运算符的查询条件

图 9.24　"或"运算的查询结果

由"与运算"和"或运算"的查询设计中可以看出,"与运算"的条件是写在同一行上的,而"或运算"的条件则是写在不同行上的。

步骤 3　多条件组合查询。

下面我们用前面创建的"学生成绩"表作为查询数据源(见图 9.14),并通过对成绩的查询来介绍多条件查询的设计。

(1) 不及格查询。

我们要查询表中至少有一门功课不及格的记录。选择"创建"→"查询设计",然后将"学生成绩"表添加到查询数据源,定义输出字段,在每门功课字段的条件区域输入"<60",如图 9.25 所示。

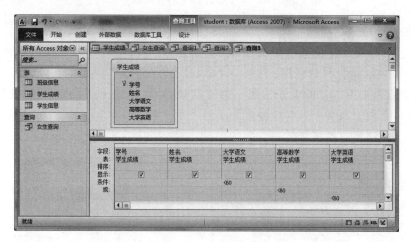

图 9.25　不及格查询

右击"查询 1"标签,在快捷菜单中选择"数据表视图"切换到"数据表视图",即可得到如图 9.26 所示的查询结果。

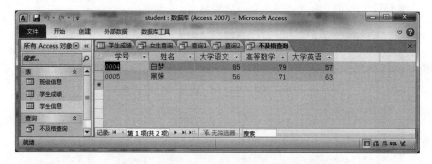

图 9.26　至少有一门不及格的查询结果

将查询保存为"不及格查询",以备日后使用。

(2) 成绩分段查询。

现在我们来查询"大学英语"成绩在 90~100 分之间的记录。其他成绩不加限制,在"大学英语"字段的条件单元格中右击,从快捷菜单中选择"生成器",在弹出的"表达式生成器"对话框(见图 9.27)中,先在上方的表达式框中输入">=90",再单击左栏的"操作符"→中栏的"逻辑"→右栏的"And",再输入"<=100",即完成了表达式">=90 And <=100"(见图9.27),也可以直接在条件行中书写条件表达式,单击"确定"按钮,返回查询设计视图。

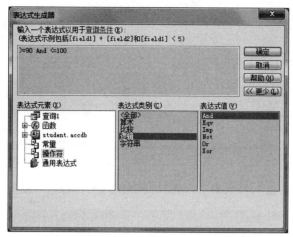

图 9.27　表达式生成器

现在切换到数据表视图,即可看见图 9.28 所示的查询结果。

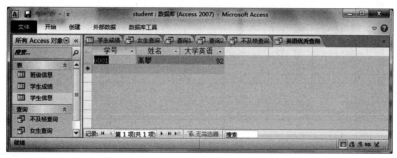

图 9.28　英语优秀查询结果

将查询保存为"英语优秀查询",以备日后使用。

任务 9.2.3　多表查询的设计

任务描述

在本任务中,将通过一个查询,来检索保存在不同表中的信息。我们要使用的查询数据源是"学生信息"表和"班级信息"表,目标是将学生信息和班级名称同时查询出来。

操作步骤

步骤 1　添加多个数据源。

单击"创建"→"查询设计"进入查询设计视图,在弹出的"添加表"对话框中分别添加"学生信息"表和"班级信息"表,如图 9.29 所示。

步骤 2　设定多表查询条件。

我们在之前介绍的"女生查询"基础上再多查询一个"班级名称"字段,先在第 4 列

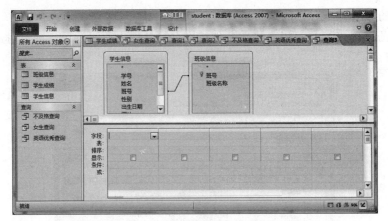

图 9.29　添加多个数据源

第 2 行中选择"班级信息",再从第 1 行选择"班级名称",如图 9.30 所示。

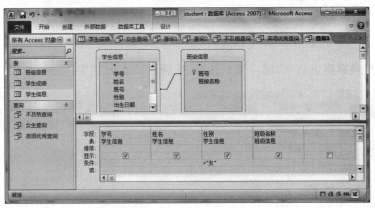

图 9.30　多表查询条件设定

步骤 3　查看查询结果。

切换到数据表视图,即可看见查询结果中比"女生查询"多了一列"班级名称"的输出,
如图 9.31 所示。

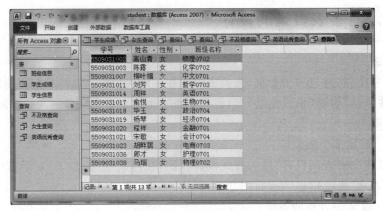

图 9.31　多表查询结果

　大学计算机应用基础实验教程(第 3 版)

实验 9.3　数据窗体与报表输出

通过以下实验,旨在使读者掌握数据窗体的生成步骤、记录浏览和维护的方法;报表的创建、报表的浏览、布局、分组、维护与打印。

任务 9.3.1　数据窗体的建立与数据编辑

任务描述

在本任务中,我们来实验数据窗体的创建方法和步骤,具体制作一个"学生信息"输出窗体,同时实验通过窗体对记录的添加、修改和浏览的方法。

操作步骤

步骤 1　数据窗体的建立。

(1)使用向导创建窗体。

打开数据库后,展开"创建"选项卡,选择"窗体"组右上角的"窗体向导"工具,如图 9.32 所示,进入窗体向导对话框,如图 9.33 所示。

图 9.32　窗体向导入口

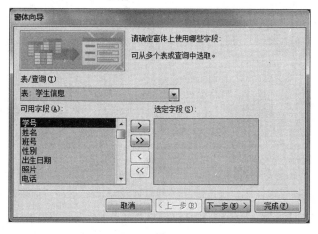

图 9.33　窗体向导对话框

(2)选择数据源。

在"窗体向导"对话框中单击展开"表/查询"下拉列表,选择"表:学生信息"后,下方的"可用字段"列表框中就列出了被选中的表或查询中包含的所有字段,如图 9.33 所示。

（3）选择输出字段。

在"可用字段"列表中逐个选中需要输出的字段，然后单击">"按钮将其添加到右边"选定的字段"列表框中，如图9.34所示，也可以单击">>"按钮一次性添加所有字段。

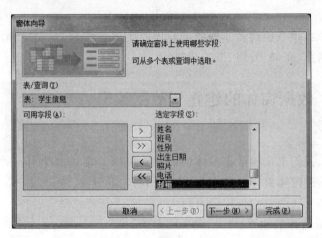

图9.34　选择输出字段

（4）选择窗体布局。

单击"下一步"按钮，进入"选择窗体布局"向导，单击右边的四个单选按钮之一，可以选择适合的输出布局格式，我们选择"纵栏表"，左边可以看到布局预览，如图9.35所示。

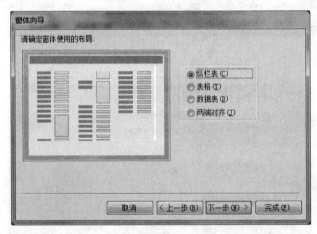

图9.35　选择窗体布局

（5）为窗体命名。

单击"下一步"按钮，进入"为窗体指定标题"向导，输入标题"学生信息"，并确保选中下方的"打开窗体查看或输入信息"单选按钮，如图9.36所示，单击"完成"按钮，便可在右窗格中看到生成的窗体，如图9.37所示。

步骤2　记录的浏览。

在右窗格下边框中，可以看见一些常见的浏览按钮（见图9.37中椭圆框），通过它们可以随意浏览查询得到的所有记录。

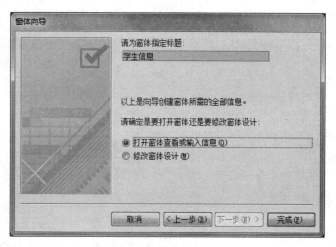

图 9.36 指定窗体标题

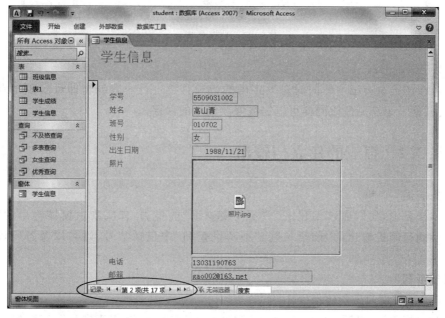

图 9.37 "学生信息"窗体

步骤 3 记录的添加和修改。

按上述方法所生成的 Windows 窗体,还可以方便地对数据集(表或查询)进行记录添加和修改。

(1)记录的添加。

在窗体浏览窗格,单击底部浏览工具最右边的按钮▶ ,或者在窗体显示最后一条记录时,再次单击"下一条记录"浏览按钮,此时窗体中的所有数据都变成了空白,如图 9.38 所示,此时便可在每个数据框中输入新的数据,直接进行记录的添加。添加完后单击任何一个浏览按钮都会执行自动保存的操作。

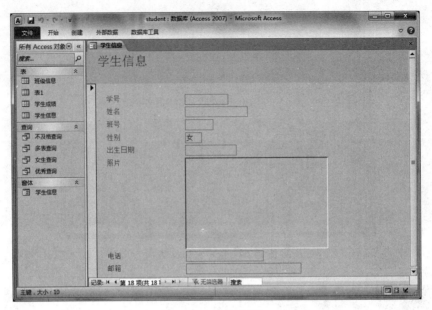

图 9.38　记录的添加

（2）记录的修改。

只需在浏览原有记录的同时对不正确的记录直接进行内容编辑即可实现记录的修改，单击任何一个浏览按钮同样可以完成修改结果的保存。

任务 9.3.2　报表的建立与输出

任务描述

在本任务中，我们通过创建一个"不及格查询"的报表，来实现由窗体输出的"软拷贝"，转换到打印机输出的"硬拷贝"。"不及格查询"中包括学号、姓名以及各门课程的成绩。

操作步骤

步骤 1　使用向导创建报表。

打开数据库后，打开"创建"选项卡，选择"报表"右上角的"报表向导"工具，如图 9.39 所示，进入报表向导对话框，如图 9.40 所示。

图 9.39　"报表向导"入口

步骤 2　选择数据源。

在"报表向导"对话框中单击展开"表/查询"下拉列表，选择"查询：不及格查询"后，下方的"可用字段"列表框中就列出了被选中表或查询中包含的所有字段，如图 9.40

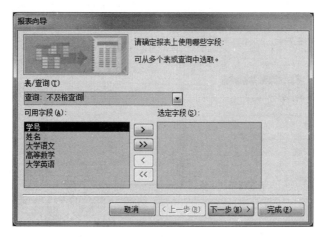

图 9.40 "报表向导"对话框

所示。

步骤 3 选择输出字段。

在"可用字段"列表中单击">>"按钮,添加所有字段,如图 9.41 所示。

图 9.41 选择报表输出字段

步骤 4 定义分组规则。

单击"下一步"按钮,进入"定义分组规则"向导,如图 9.42 所示。分组规则是可选的,本任务没有分组要求,单击"下一步"按钮即可。

步骤 5 定义排序规则。

进入"定义排序规则"向导,如图 9.43 所示。排序操作是可选的,本任务是输出不及格报表,所以无需排序。

步骤 6 选择报表布局。

单击"下一步"按钮,进入"选择报表布局"向导,在右边"布局"栏下选择布局为"表格",在"方向"框中选择纸张方向为"纵向"。左边是布局预览,如图 9.44 所示。

图 9.42 定义分组规则

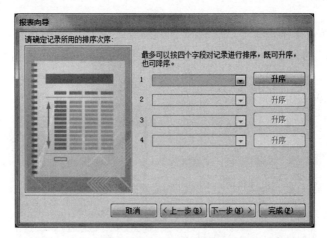

图 9.43 定义排序规则

图 9.44 报表布局向导

步骤7　为报表命名。

单击"下一步"按钮,进入"为报表指定标题"向导,输入报表标题:"不及格查询",单击"完成"按钮,便可看到生成的报表,如图9.46所示。

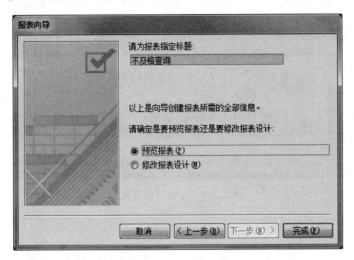

图 9.45　定义报表标题

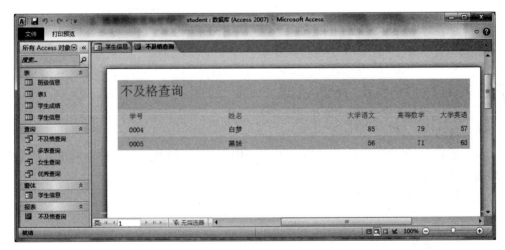

图 9.46　完成的报表

步骤8　报表的浏览与打印。

(1) 报表的浏览。

只需在左窗格中双击报表对象名,即可进入报表预览视图,浏览报表的实际输出效果。

(2) 报表的打印。

在报表的预览视图中,右击报表标签,选择"打印预览",在预览状态下,单击"打印预览"选项卡下方的"打印"图标,如图9.47所示,即可打印除与预览完全一样的报表。

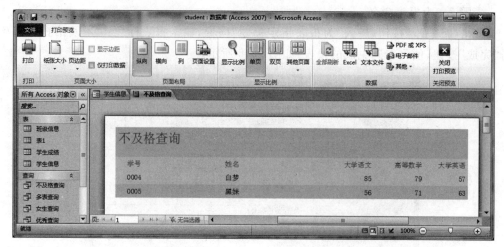

图 9.47　报表打印预览

实验 9.4　Access 中的结构化查询语言(SQL)

通过本实验的练习,掌握用结构化查询语言(SQL)实现多种不同的查询、实现对数据库对象的维护以及对表中记录的维护操作。

任务 9.4.1　用 SQL 查询数据

任务描述

在本任务中,我们来实验通过 SQL 中的 SELECT 语句来实现多种不同准则的数据查询的方法与步骤。

首先我们复习一下 SELECT 语句最基本的语法:

SELECT〈字段列表〉FROM〈表名〉

　　[WHERE〈选择条件〉]

　　[GROUP BY〈分组条件〉]

　　[ORDER BY〈排序条件〉[DESC]]

其中尖括弧内为必选参数,方括弧内为可选子句。DESC 关键字表示按降序排序,ASC或者缺省则表示按升序排序。

操作步骤

首先来介绍 SQL 查询的 4 个通用步骤,然后根据不同的查询要求,分别书写 SQL语句。

步骤 1　进入 SQL 设计视图。

通过查询设计视图新建一个查询(或者在左窗格双击先前创建好的查询),然后在“设

计视图"或"数据表视图"中右击查询标签"查询 1"(见图 9.48),选择展开菜单中的"SQL
视图",即可进入 SQL 设计视图,如图 9.49 所示,其中已经写好了一部分 SQL 语句。

图 9.48 "SQL 视图"入口

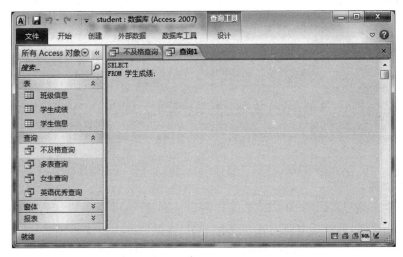

图 9.49 "SQL 设计"视图

步骤 2 输入/编辑 SQL 语句。

将其中的 SQL 语句改写成:SELECT * FROM 学生成绩 ORDER BY 大学英语
DESC,如图 9.50 所示。

步骤 3 执行 SQL 查询。

按之前学过的方法,通过查询标签上的右键菜单将"SQL 视图"切换回"数据表视
图",即可看到查询结果,如图 9.51 所示,可以看出,结果是按"英语"分数由高到低排
序的。

步骤 4 保存 SQL 查询。

关闭查询运行窗体,并且为查询命名,以备后用。

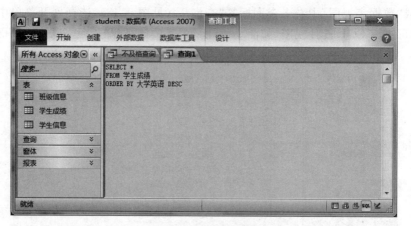

图 9.50   编辑 SQL 语句

图 9.51   SQL 查询结果

SQL 查询练习

以下分别来练习不同的 SELECT 语句的语法和逻辑,并且通过运行来验证 SQL 查询的效果和正确性,通过反复练习逐步掌握 SQL 查询的方法和技巧。

(1) 从"学生名册"表中查询所有记录,输出所有字段的内容。

实现:

```
SELECT * FROM 学生名册
```

(2) 从"学生名册"表中查询所有记录,但只输出学号,姓名,性别,年龄 4 个字段的内容。

实现:

```
SELECT 学号,姓名,性别,年龄 FROM 学生名册
```

(3) 从"学生名册"表中查询并输出所有年龄大于 20 岁的记录。

实现:

SELECT * FROM 学生名册 WHERE 年龄>20

(4) 从"成绩登记表"表中查询并输出三门功课中至少有 1 门不及格的记录。

实现：

SELECT * FROM 成绩登记表 WHERE 高等数学<60 OR 大学英语<60 OR 计算机基础<60

(5) 从"成绩登记表"表中查询并输出数学成绩为优秀的记录，按班级分组。即同班的记录排在一起输出。

实现：

SELECT * FROM 成绩登记表 WHERE 高等数学 BETWEEN 90 AND 100 GROUP BY 班级

(6) 从"成绩登记表"表中查询并输出所有记录，并按"大学英语"分数由高到低排序。

实现：

SELECT * FROM 成绩登记表 ORDER BY 大学英语 DESC

(7) 从"成绩登记表"表中查询并输出所有记录，并按"大学英语"、"高等数学"、"计算机基础"三个字段排序，按排列的先后次序确定排序的优先级。

实现：

SELECT * FROM 成绩登记表 ORDER BY 大学英语 DESC, 高等数学 DESC, 计算机基础 DESC

任务 9.4.2 用 SQL 维护数据库对象

任务描述

在本任务中，我们来实验通过不同 SQL 语句来实现数据库对象维护的方法与步骤，其中包括表的创建与删除、索引的创建与删除、表结构的维护等。

操作步骤

操作步骤与上一任务中介绍的 SQL 查询的 4 个通用步骤相同。以下仅分别练习每一种数据库对象维护操作的具体实验要求和实现方法。

步骤 1 创建表。

要求：创建一个名为"学生名单"的表，其中有 3 个字段，"姓名"与"性别"字段的类型为文本型，字段大小分别为 8 和 2，年龄字段的类型为整型，大小固定。

语法：

CREATE TABLE<表名>(字段 1 类型[(大小)],字段 2 类型[(大小)],……)

说明：当字段类型为数字、日期、逻辑等类型时，字段大小固定，无需指定。

实现：

CREATE TABLE 学生名单(姓名 Text(8),性别 Text(2),年龄 Integer)

步骤 2 创建索引。

要求：对"学生名单"表创建一个名为"StuNum"的索引，索引字段为"学号"。

语法：

CREATE INDEX<索引名>ON<表名(字段名1,字段名2,……)>

说明：当对多个字段进行索引时，按字段的先后次序确定优先级。

实现：

CREATE INDEX StuNum ON 学生名单(学号)

步骤3　删除索引。

要求：将"学生名单"表的索引"StuNum"删除。

语法：

DROP INDEX<索引名>ON<表名>

实现：

DROP INDEX StuNum ON 学生名单

步骤4　表中字段的添加。

要求：在"学生名单"表中添加一个"班级"字段，类型为文本，大小为8。

语法：

ALTER TABLE<表名>ADD COLUMN 字段1 类型[(大小)],字段2,……

说明：字段类型与大小的含义与创建表时相同。

实现：

ALTER TABLE 学生名单 ADD COLUMN 班级 Text(8)

步骤5　表中字段的删除。

要求：从"学生名单"表中删除"年龄"字段。

语法：

ALTER TABLE<表名>DROP COLUMN 字段1,字段2……

实现：

ALTER TABLE 学生名单 DROP COLUMN 年龄

步骤6　删除表。

要求：删除刚才创建的名为"学生名单"的表。

语法：

DROP TABLE<表名>

实现：

DROP TABLE 学生名单

任务 9.4.3　用 SQL 维护表中记录

任务描述

在本任务中,我们来实验通过不同 SQL 语句来实现数据表中记录的添加、修改和删除的方法与步骤。

操作步骤

步骤 1　记录的添加/插入。

要求:在"成绩表"表中添加一条记录,为学号、姓名、数学、英语、计算机字段分别赋值为: 0037,张三,78,92,67。

语法:

INSERT INTO<表名>(字段 1,字段 2,……) VALUES(值 1,值 2,……)

说明:文本型数据必须用半角单引号限定。

实现:

INSERT INTO 成绩表(学号,姓名,数学,英语,计算机) VALUES('0037','张三',78,92,67)

步骤 2　记录的修改/更新。

要求:将"成绩表"表中所有满足条件(数学成绩在 57~59 之间)的记录中"数学"字段的值改成 60。

语法:

UPDATE<表名>SET 字段 1=值 1,字段 2=值 2,…… [WHERE 子句]

说明:WHERE 子句是可选的,其含义与 SELECT 语句中相同。

实现:

UPDATE 成绩表 SET 数学=60 WHERE 数学 BETWEEN 57 AND 59

步骤 3　记录的删除。

要求:从"成绩表"删除"数学"、"英语"、"计算机"3 门课程中至少有 1 门不及格的记录。

语法:

DELETE FROM<表名>[WHERE 子句]

说明:WHERE 子句是可选的,如果没有 WHERE 子句将删除表中所有的记录。

实现:

DELETE FROM 成绩表 WHERE 数学<60 OR 英语<60 OR 计算机<60